VADDE MOUNIKA
D LAKSHMINARAYANA
P RAJA

Efeito da gestão de nutrientes no crescimento e na qualidade da beterraba

VADDE MOUNIKA
D LAKSHMINARAYANA
P RAJA

Efeito da gestão de nutrientes no crescimento e na qualidade da beterraba

INM para a cultura da beterraba

ScienciaScripts

Imprint

Cover image: www.ingimage.com

This book is a translation from the original published under ISBN 978-620-7-46412-8.

Publisher:
Sciencia Scripts
is a trademark of
Dodo Books Indian Ocean Ltd. and OmniScriptum S.R.L publishing group

120 High Road, East Finchley, London, N2 9ED, United Kingdom
Str. Armeneasca 28/1, office 1, Chisinau MD-2012, Republic of Moldova, Europe
Printed at: see last page
ISBN: 978-620-7-75735-0

Conteúdo

RECONHECIMENTO

Desde já, apresento os meus agradecimentos, comodamente e por tempo indeterminado, aos meus familiares, amigos e professores, pelo facto de ter cumprido com sucesso dois anos nesta faculdade e de apresentar este pequeno trabalho.

É com grande prazer que humildemente deixo registado o meu profundo sentimento de gratidão, endividamento e agradecimento ao meu principal orientador e presidente do meu Comité Consultivo, Dr. D. LAKSHMINARAYANA, Professor Associado, Departamento de Horticultura, Faculdade de Horticultura, SKLTSHU, Rajendranagar, Hyderabad, pela sua orientação escolar, interesse incessante, conhecimentos valiosos, orientação árdua e meticulosa, tratamento amável durante o curso da investigação e críticas construtivas, que instalaram em mim o espírito de confiança e um profundo sentido de respeito e gratidão, proporcionando todas as facilidades e também na elaboração deste manuscrito, sem os quais era impossível concluir o projeto de investigação. Sinto-me feliz por ter tido o privilégio de trabalhar sob a sua orientação.

Agradeço humildemente ao membro do meu comité consultivo, SRI.J. SRINIVAS, Professor Assistente, Departamento de Ciências Vegetais, Faculdade de Horticultura, SKLTSHU, Mojerla, Wanaparthy, pelo seu apoio e compreensão e pela sua cooperação incondicional na análise do manuscrito e na elaboração desta tese.

Estendo o meu profundo sentimento de reverência e gratidão ao membro do meu comité consultivo, DR. G. SATHISH, Professor Assistente, Departamento de Estatística Agrícola, Faculdade de Horticultura, SKLTSHU, Mojerla, Wanaparthy, pela sua orientação inspiradora, pelo seu grande interesse, pela sua valiosa orientação, pelos seus conselhos técnicos e pelos seus esforços incansáveis na preparação do manuscrito desta dissertação.

Tenho o privilégio de expressar a minha sincera gratidão, respeito e reverência pelo meu comité consultivo, Dr. P. GOUTHAMI, Professor Assistente, Departamento de Fisiologia das Culturas, Faculdade de Horticultura, SKLTSHU, Mojerla, Wanaparthy, pela sua valiosa orientação, interesse incansável, supervisão, ajuda e encorajamento durante todo o meu trabalho de tese e na preparação deste manuscrito.

Com um profundo e inabalável sentido de obrigação, exprimo os meus sinceros agradecimentos à Dra. A. GIRWANI, Reitora Associada da Faculdade de Horticultura, Mojerla, SKLTSHU, pela sua ajuda e valiosas sugestões ao longo do trabalho de investigação.

É com imenso prazer que estendo o meu sincero sentimento de gratidão ao Dr. M. PADMA, Diretor de Estudos de PG, SKLTSHU, Rajendranagar, Hyderabad.

Não tenho palavras para exprimir o meu sentimento de gratidão para com os meus queridos pais Sri. V. VENKATESHWARLU e Smt. V. JAYA por me terem dado esta vida maravilhosa e ao carinhoso irmão V. YASHWANTH, que sempre se esforçou pelo meu bem-estar e pelos seus esforços inesquecíveis para me trazer até esta fase, sem os quais não poderia ter alcançado todo o sucesso da minha vida.

Aproveito esta oportunidade para agradecer sinceramente aos meus superiores Jagadeesh, Jyosthna, Shanu, Mahesh (H.O.), Shivaraj, Mohan, Swarupa, Santhosha, Sampoorna, Dinesh e Goutham pela sua cooperação e ajuda durante estes dois anos de estudo. Além disso, transmito a minha gratidão aos meus amigos Swathi, Sadhana, Harish, Ranjith, Maruthi, Pavan, Srikanth, Rakesh, Nikitha, Vishal e Krishna Mohan pelo seu apoio.

Devo a minha gratidão aos meus amigos e colegas de turma Chitti, Johnson, Gunasekhar, Vinayak, Priyanka e Srilatha pela sua ajuda e apoio.

Nenhum académico pode completar o trabalho sozinho. Tem de obter uma pequena ajuda dos seus amigos para uma ou outra parte do trabalho, pelo que devo a minha gratidão aos meus colegas Soumya, Sravan, Mahesh, Ramakrishna, Sathish, Haritha, Gana Prasad, Sruthi, Prathyusha, Shivani, Haripriya, Praveen, Ganesh, Prabhu Praveen, Dheeraj, Abhijith, Naveen, Ravi, Sai charan, Upendar, Nikhil, Chaitanya e Laya pelo grande apoio que me deram.

Agradeço com carinho à minha equipa de campo Victoria, Anantha, Mariyamma, Bhagyamma e aos meus colegas de trabalho pela sua grande ajuda. Os meus humildes agradecimentos ao pessoal académico Venu, Raghu, Venkatesh e aos meus encarregados de campo Ramesh, Raghu, Chinna, Venkastesh, Kurmanna e Savaranna pela sua ajuda no meu trabalho de investigação.

Por último, quero agradecer humildemente a todos os que contribuíram direta e indiretamente para a realização do meu trabalho de investigação. Acima de tudo, prostrações de todo o coração ao Todo-Poderoso por me ter abençoado.

(VADDE MOUNIKA)

RESUMO

A presente investigação intitulada "Efeito da gestão integrada de nutrientes no crescimento, rendimento, qualidade e capacidade de armazenamento da beterraba (Beta vulgaris L.) Cv. Crimson Globe em condições alcalinas" foi realizada durante a estação rabi do ano 2019-20 na Faculdade de Horticultura, Mojerla.

Os resultados relacionados com os parâmetros de crescimento indicaram que, entre os diferentes tratamentos de gestão integrada de nutrientes, o tratamento T_3 (75 % RDNPK + FYM (6 t ha^{-1}) + VC (1,5 t ha^{-1}) + Azatobactor (10 kg ha^{-1}) + PSB (10 kg ha^{-1})) registou um número mínimo de dias necessários para 80% de germinação de plântulas (2.55 dias), maior altura de planta aos 75 DAS (46,50 cm), maior número de folhas por planta aos 75 DAS (22,54), área foliar máxima aos 75 DAS (1350,16 cm^2) e maior índice de conteúdo de clorofila aos 75 DAS (24,24) em relação aos outros tratamentos.

Todos os tratamentos diferiram significativamente no que respeita aos parâmetros de rendimento. Entre os tratamentos, o tratamento T3 (75 % RDNPK + FYM (6 t ha^{-1}) + VC (1,5 t ha^{-1}) + Azatobactor (10 kg ha^{-1}) + PSB (10 kg ha^{-1})) registou os melhores valores viz, comprimento da raiz (14,26 cm), diâmetro da raiz (7,4 cm), rendimento da raiz (175,00 g $planta^{-1}$) rendimento da raiz (7,70 kg $parcela^{-1}$), rendimento da raiz (19,16 t ha^{-1}), relação raiz/parte aérea (4,00) e índice de colheita (0,92) em comparação com o resto do tratamento.

Os resultados relativos aos parâmetros de qualidade revelaram que o teor mais elevado de ácido ascórbico (3,4 mg $100g^{-1}$), o teor de betanina (1,92 mg $100g^{-1}$) e os sólidos solúveis totais (9,17^0 brix) foram registados pelo tratamento T3 (75 % RDNPK + FYM (6 t ha^{-1}) + VC (1.5 t ha^{-1}) + Azatobactor (10 kg ha^{-1}) + PSB (10 kg ha^{-1})) em relação aos outros tratamentos e o mesmo tratamento registou significativamente a menor perda fisiológica de peso (20,16 %) em relação aos outros tratamentos.

Os resultados relativos aos parâmetros de crescimento, rendimento e qualidade em relação às propriedades físico-químicas do solo indicaram que o rendimento radicular por hectare apresentou uma associação significativamente positiva com a altura da planta, o número de folhas por planta, a área foliar, o índice de teor de clorofila, o comprimento da raiz, o diâmetro da raiz, o rendimento radicular, a relação raiz/parte aérea, o índice de colheita, o teor de ácido ascórbico, o teor de betanina, os sólidos solúveis totais, o azoto, o fósforo, o potássio e o carbono orgânico, enquanto que a associação negativa com o número de dias necessários para 80% de germinação, o pH e a condutividade eléctrica.

Os resultados obtidos sobre o estado dos nutrientes do solo revelaram que, entre os tratamentos, o tratamento T3 (75 % RDNPK + FYM (6 t ha^{-1}) + VC (1,5 t ha^{-1}) + Azatobactor (10 kg ha^{-1}) + PSB (10 kg ha^{-1})) registou a disponibilidade máxima de azoto (352.37 kg ha^{-1}), fósforo (47,47 kg ha^{-1}), potássio (365,95 kg ha^{-1}) e carbono orgânico (0,60 %) após a colheita da cultura e o mesmo tratamento registou um pH mínimo (8,04) e CE (0,23 dSm^{-1}).

Os dados sobre a economia dos tratamentos de gestão integrada de nutrientes mostraram que, entre os tratamentos, o tratamento T_3 (75 % RDNPK + FYM (6 t ha^{-1}) + VC (1,5 t ha^{-1}) + Azatobactor (10 kg ha^{-1}) + PSB (10 kg ha^{-1})) registou maiores rendimentos brutos *(1,2,29,920),* rendimentos líquidos (?. 1,83835) e a melhor relação custo-benefício (3,9:1) em comparação com outros tratamentos.

Capítulo I

INTRODUÇÃO

A beterraba (Beta vulgaris L.) é uma das culturas hortícolas de raiz mais importantes, pertencente à família Chenopodiaceae, juntamente com os espinafres, a palma, a acelga, a salsa e o aipo. Tem um número de cromossomas diploide (2n=18) e é originária da Europa Ocidental. Produz copas verdes e uma raiz inchada utilizada como legume e salada, e é cultivada para fins alimentares (pickles, salada e sumo) e não para a produção de açúcar.

A raiz de beterraba é famosa pelo seu valor de sumo com propriedades medicinais conhecidas por vários nomes comuns como beterraba, acelga, beterraba espinafre (Yashwant, 2015). A raiz de beterraba é uma fonte rica em proteínas (1,7 g), hidratos de carbono (8,8 g), cálcio (18 mg), fósforo (55 mg) e vit-C (10 mg), e tem 87,7 % de água por 100 g de peso fresco (Aykroyd, 1963). Por conseguinte, é um legume ideal para pessoas preocupadas com a saúde (Deuter e Grundy, 2004). É altamente produtivo e geralmente livre de pragas e doenças (Ado, 1999).

A raiz de beterraba é uma fonte rica de ácido fólico, que é útil para as mulheres grávidas. A raiz de beterraba é um excelente suplemento alimentar, não só porque é rica em minerais, nutrientes e vitaminas, mas também porque tem fitoconstituintes únicos. Várias partes desta planta são utilizadas no sistema medicinal como anti-oxidante, anti-depressivo, anti-microbiano, antifúngico, anti-inflamatório, diurético, expetorante e carminativo. A raiz de beterraba é um dos alimentos naturais que aumenta a energia dos atletas, uma vez que tem um dos mais elevados teores de nitratos e açúcar (Yadav et al. 2016). Ajuda a reduzir a pressão arterial e o mau colesterol, além disso, mantém a diabetes sob controlo, trata a anemia e ajuda a aliviar a fadiga, melhora a resistência da saúde sexual e protege contra o cancro, etc.

A cor vermelha intensa da beterraba deriva da elevada concentração de betalaínas. As betalaínas são utilizadas como corantes naturais pela indústria alimentar, tendo também recebido uma atenção crescente devido aos possíveis benefícios para a saúde humana, especialmente as suas actividades antioxidantes e anti-inflamatórias (Georgiev et al. 2010 e Zielinska et al. 2009). As betalaínas que se encontram principalmente na beterraba são as betacianinas e as betaxantinas (Gandia et al. 2010). Atualmente, a beterraba é cultivada em todo o mundo e é consumida regularmente como parte da dieta normal. É comummente utilizada no fabrico como um agente corante alimentar conhecido como E162 (Clifford et al. 2015). Os efeitos de um sumo de beterraba comercialmente disponível sobre a inflamação estão fortemente envolvidos no desenvolvimento e na progressão de várias condições clínicas, incluindo doenças coronárias e cancro. (Jurgen et al. 2015).

Na Índia, os principais Estados produtores de raízes de beterraba são Haryana, Uttar Pradesh, Himachal Pradesh, Bengala Ocidental e Maharashtra. A nível nacional, a beterraba é cultivada numa área de 0,079 lakh hectares com uma produção anual de 1,51 lakh milhões de toneladas e a quota de Telangana é de 0,04 lakh hectares com uma produção anual de 0,11 lakh milhões de toneladas (base de dados do portal HAPIS 2017-2018).
Na Índia, a produtividade da beterraba é menor do que a de outros produtos hortícolas e a sua procura está a aumentar de dia para dia. Por conseguinte, é necessário aumentar a produtividade. Em geral, os estrumes orgânicos e os fertilizantes inorgânicos desempenham um papel importante no aumento da produção e da qualidade dos produtos hortícolas. Os estrumes orgânicos fornecem macro e microelementos. Para além do fornecimento de nutrientes, favorecem a agregação de partículas finas do solo, o que resulta na promoção de uma boa estrutura do solo e é essencial para o desenvolvimento saudável dos microrganismos do solo, que efectuam transformações bioquímicas. O estrume orgânico ajuda a decompor a matéria orgânica e a libertar os nutrientes essenciais para as plantas (Kumar e Karuppaiah, 2008).
Atualmente, os fertilizantes químicos são a principal fonte de fornecimento das quantidades necessárias de nutrientes às plantas. O uso contínuo de fertilizantes químicos, muitas vezes em excesso, durante um longo período de tempo em terras aráveis, levou à contaminação dos alimentos, à poluição ambiental e ao esgotamento da fertilidade do solo (Singh, 1999). Tendo em conta o custo mais elevado dos fertilizantes químicos e os seus efeitos nocivos no solo, no ambiente e na qualidade, é necessário encontrar uma alternativa que melhore a produtividade e a qualidade e que seja também amiga do ambiente. A gestão integrada dos nutrientes é uma alternativa para a produção sustentável de culturas, em vez da utilização exclusiva de fertilizantes inorgânicos.
A Gestão Integrada de Nutrientes (GIN) é uma abordagem de fornecimento de nutrição à cultura através da inclusão de fontes orgânicas e inorgânicas de nutrientes. A utilização combinada de adubos orgânicos e biofertilizantes com uma dose reduzida de fertilizantes químicos não só abre caminho a um maior rendimento e a produtos de qualidade, como também ajuda a manter a saúde do solo e a reduzir os problemas de poluição.
O estrume de quintal, sendo um material orgânico volumoso, liberta a compactação do solo e melhora o arejamento, para além de fornecer nutrientes essenciais para as plantas e matéria orgânica. Aumenta também o estabelecimento microbiano do solo, juntamente com a acumulação de excesso de húmus. Actua diretamente para aumentar o rendimento das culturas, acelerando o processo respiratório através da permeabilidade celular ou através de hormonas por ação de crescimento. Fornece azoto, fósforo e enxofre na forma disponível para as plantas através da decomposição biológica. Além disso, indiretamente, melhora as propriedades físicas do solo, nomeadamente a agregação, o arejamento, a permeabilidade

e a capacidade de retenção de água (Chandramohan, 2002).

O vermicomposto fornece macronutrientes (N, P, K, Ca e Mg) e micronutrientes (Fe, Mo, Zn e Cu) e também actua como agente quelante. Regula a disponibilidade de micronutrientes metálicos para a planta e aumenta o crescimento e o rendimento da planta, fornecendo nutrientes na forma disponível.

Os biofertilizantes foram desenvolvidos para um grande número de culturas hortícolas e a sua utilização aumenta a percentagem de rendimento de 8-21 e 25-50 das culturas acima e abaixo do solo, respetivamente. A utilização de biofertilizantes como o azotobactor aumenta a eficiência da utilização do azoto e o seu potencial de fixação de azoto varia de solo para solo e depende de uma série de factores ambientais e ecológicos. A inoculação com estirpes eficientes de azotobactor contribui com cerca de 15-20 Kg N ha^{-1} em diferentes culturas e o uso integrado de bactérias solubilizadoras de fósforo que contribui com 30-35 Kg P2O5 ha^{-1} em solos neutros a ligeiramente alcalinos (Rai et al. 2016). No entanto, há uma falta de informação sobre o desempenho integrado de vermicomposto, azotobactor e PSB em relação à produtividade e estado de fertilidade do solo sob sistema de cultivo baseado em vegetais. O presente estudo é proposto em solos alcalinos altamente problemáticos que requerem o enriquecimento com diferentes fontes de adubos orgânicos em vez de fertilizantes inorgânicos. Geralmente, os solos alcalinos são pobres em carbono orgânico, azoto e fósforo e têm um teor médio de potássio disponível.

O coeficiente de correlação mede o valor absoluto da correlação entre variáveis num determinado conjunto de dados. Em qualquer programa de caracteres complexos como o rendimento, para o qual a seleção direta não é eficaz, torna-se essencial medir a contribuição de cada uma das variáveis componentes para a correlação observada na correlação de partição e nas componentes de efeito direto e indireto (Akanda e Mundt, 1996).

Tendo estes pontos em vista, o presente trabalho foi proposto para estudar o "Efeito da gestão integrada de nutrientes no crescimento, rendimento, qualidade e capacidade de armazenamento da beterraba (Beta vulgaris L.) Cv. Crimson Globe em condições alcalinas" com os seguintes objectivos

1. Estudar a influência da gestão integrada de nutrientes no crescimento, rendimento e qualidade da beterraba Cv. Crimson Globe.
2. Estudar a relação entre o crescimento, o rendimento, a qualidade da beterraba e as propriedades físico-químicas do solo.
3. Estudar o efeito da gestão integrada de nutrientes na capacidade de armazenamento da beterraba Cv. Crimson Globe.
4. Estudar o efeito da gestão integrada de nutrientes nas propriedades físico-químicas do solo antes e depois da experiência.

Capítulo II

REVISÃO DA LITERATURA

A literatura pertinente relativa ao efeito da gestão integrada de nutrientes na beterraba e noutras culturas de bolbos relacionadas é analisada neste capítulo sob os seguintes títulos

2.1. Efeito da gestão integrada de nutrientes nos parâmetros de crescimento, rendimento e qualidade.

2.2. Efeito da gestão integrada de nutrientes nas propriedades físico-químicas do solo em relação ao crescimento, rendimento e qualidade da beterraba.

2.3. Efeito da gestão integrada de nutrientes na capacidade de armazenamento.

2.4. Efeito da gestão integrada de nutrientes nas propriedades físico-químicas do solo antes e depois da experiência.

2.5. Efeito da gestão integrada de nutrientes nos parâmetros de crescimento, rendimento e qualidade.

Singh et al. (2010) relataram que a aplicação de vermicomposto sozinho aumentou o prazo de validade em 25% e o TSS para além de 4,5% no tomate. Eles também relataram que a aplicação de vermicomposto @ 7,5 t ha^{-1} + 50 por cento da dose de fertilizante NPK (60:30:30 kg ha^{-1}) foi óptima para obter melhor qualidade no tomate.

Khandelwal (2010) descobriu que a maior altura de planta (61,8 cm) e o número máximo de folhas (12,00) foram obtidos com a aplicação de NPKS @ 110:40:60:40 kg ha^{-1} juntamente com 7,5 t ha^{-1} FYM + 2,5 t ha^{-1} PM + 2,5 t ha^{-1} vermicomposto + biofertilizantes em cebola.

Kirad et al. (2010) realizaram uma experiência sobre o efeito da gestão integrada de nutrientes no crescimento, rendimento e qualidade da cenoura. Relataram que a altura máxima da planta (63,05 cm), o número de folhas por planta (16,06), o comprimento das folhas (43,52 cm), o peso fresco das folhas por planta (29,75 g), o diâmetro da raiz (3,08 cm), o comprimento da raiz (19,94 cm), o rendimento da raiz por hectare (322,66 q) e o valor mais elevado do teor de vitamina A (997,52 UI) foram obtidos com a aplicação de metade da dose recomendada de FTR + metade da dose recomendada de FYM + bactérias da rizosfera.

Sentiyangla et al. (2010) observaram que foi registado um aumento significativo na altura da planta, no número de folhas por planta, no teor de SST (4,3°B) e no teor de ácido ascórbico (24,93 mg 100 g^{-1}) com a aplicação de 50 por cento de NPK mais 50 por cento de FYM + biofertilizantes no rabanete.

Kosson et al. (2011) citaram que, na beterraba, as raízes obtidas do cultivo orgânico continham significativamente mais matéria seca, açúcares e betanina do que as raízes do cultivo convencional.

Kwabena (2011) estudou o efeito de diferentes fontes de estrume animal e fertilizantes NPK na cenoura e observou que o comprimento máximo da raiz

(17,51 cm) e o rendimento da raiz (14,67 t ha^{-1}) foram obtidos com a aplicação de (10 t ha^{-1}) estrume de cortador de relva + NPK 150 kg ha^{-1} .
Srinivasaraju (2011) revelou que a aplicação de 75% de FTR mais 1,65 t ha^{-1} vermicomposto mais Azatobactor e PSB, cada um com 5 kg ha^{-1} , registou uma altura máxima das plantas, número de folhas e espessura do colo da cebola.

Bagali et al. (2012) concluíram que a aplicação da dose recomendada de NPK @ 162:32:148 kg ha^{-1} juntamente com FYM 30 t ha^{-1} , vermicomposto 6 t ha^{-1} e estrume de aves de capoeira 3 t ha^{-1} registou a altura máxima da planta, número de folhas por planta, área foliar e perímetro do pescoço na cebola.

Mehedi et al. (2012) estudaram o efeito combinado de nitrogénio e estrume de vaca no crescimento e rendimento da cenoura e descobriram que a altura máxima da planta (49,00 cm), o número de folhas por planta (10,78), o peso fresco das folhas por planta (83,26 g) e o rendimento comercializável (43,41 t ha^{-1}) foram obtidos com a aplicação combinada de 150 kg ha^{-1} nitrogénio e 15 t ha^{-1} estrume de vaca.

Merentola et al. (2012) relataram que o teor máximo de vitamina C foi obtido com a aplicação de 50 por cento cada de NPK e FYM mais biofertilizantes em repolho.

Subenthung et al. (2012) relataram que a aplicação combinada de 50% de estrume de porco e NPK registou a altura máxima da planta (50,16 cm), número de folhas por planta (14,43), área foliar (185,86 cm^2) e rendimento máximo de raiz (522,51 t ha^{-1}) no nabo.

Talware et al. (2012) observaram que os parâmetros de crescimento como altura da planta, número de folhas por planta, comprimento da folha, largura da folha, peso fresco e seco da planta e índice de área foliar foram significativamente superiores sob o tratamento de 75% RDF + 5 t ha^{-1} FYM + Azotobacter e PSB cada um de 3 kg ha^{-1} sobre o resto dos tratamentos em alho.

Zakir et al. (2012) revelaram que, na cenoura, o rendimento bruto máximo (29,27 t ha^{-1}) e o maior teor de caroteno (4,92%) foram obtidos com a aplicação da dose recomendada de fertilizantes inorgânicos (RDIF) mais metade da dose recomendada de biomeal (RDB).

Ashok et al. (2013) realizaram uma experiência sobre o efeito da gestão integrada de nutrientes no crescimento, rendimento e qualidade da mandioca e notaram que a altura máxima da planta (372,7 cm), a circunferência do caule (10,7 cm), o número de tubérculos por planta (13,0), a circunferência do tubérculo (21.0 cm), a produção de tubérculos (33,6 t ha^{-1}) e o teor de amido (26,2 %) foram obtidos com a aplicação de cânhamo @ 50 kg ha^{-1} mais a dose recomendada de potássio mais 50 por cento da dose recomendada de azoto e fósforo mais Azospirillum e PSB cada um de 5 kg ha^{-1}.

Jamir et al. (2013) concluíram que quando o tratamento aplicado com a dose recomendada de NPK @ 120:60:60 kg ha^{-1} + FYM @ 20 t ha^{-1} + biofertilizantes registou maior altura da planta, um maior número de folhas por planta e espessura máxima do pescoço na cebola.

Vithwel Kanaujia (2013) estudou o efeito da gestão integrada de nutrientes na produtividade da cenoura e na fertilidade do solo e relatou que a aplicação integrada de 50 por cento de cada NPK e FYM + biofertilizantes registou a altura máxima da planta (25,00 cm), o número de folhas por planta (6,98), o comprimento da raiz (18,88 cm), o diâmetro da raiz (4,14 cm), o peso da raiz por planta (90,37 g), o rendimento da raiz (30,88 t ha^{-1}) e o teor de caroteno (3,41 mg 100 g).$^{-1}$

Ahmed et al. (2014) concluíram que a aplicação de FYM a 20 t ha^{-1} aumentou significativamente o rendimento atribuindo caracteres e rendimento comercializável em cenoura.

Barman et al. (2014) estudaram o efeito da gestão integrada de nutrientes na batata e descobriram que o número máximo de haulms por planta, altura da planta e número de folhas compostas por planta foram registados com a aplicação de vermicomposto @ 2,5 t ha^{-1} + metade da dose de NPK recomendada através de fertilizante inorgânico.

Kazimierczak et al. (2014) observaram que as beterrabas frescas biológicas continham significativamente mais matéria seca, vitamina C e alguns compostos fenólicos individuais do que as beterrabas convencionais.

Kumar et al. (2014) estudaram o efeito de fontes de nutrientes orgânicas e inorgânicas na cenoura cultivada em condições de irrigação e relataram que a aplicação de 75% de NPK através de fertilizantes + 25% de azoto através de vermicomposto registou uma produção máxima de raízes (32.43 t ha^{-1}), comprimento da raiz (17,16 cm), diâmetro da raiz (3,34 cm) e peso fresco da raiz (57,54 g), enquanto que o mínimo de raízes bifurcadas (5,31%) foi obtido com a aplicação de 25% de NPK através de fertilizantes + 75% de azoto através de vermicomposto.

Meena et al. (2014) relataram que, no tomate, a acidez máxima (0,59%) foi registada no tratamento de controlo, enquanto o TSS máximo ($5,03^{0}$ B) e o teor de vitamina C (26,13 mg 100 g^{-1}) foram registados no tratamento de vermicomposto 100% + Azospirillum (2 kg ha).$^{-1}$

Mishra et al. (2014) relataram que a aplicação de NPK (150-38-63 kg ha^{-1}) juntamente com o vermicomposto @ 2,5 t ha^{-1} e biofertilizantes @ 2 kg ha^{-1} (cada um de Azotobacter, Azospirillium e PSB) registou valores significativamente mais elevados para o peso seco total da planta (77.8 g), rendimento (420,0 q ha^{-1}), teor de clorofila (56,96 %), TSS (3,10'B) e teor de ácido ascórbico (55,2 mg 100 g^{-1}) em knol-khol.

Narayan et al. (2014) realizaram uma experiência sobre o efeito de práticas integradas de gestão de nutrientes no rendimento da batata e descobriram que a aplicação de 75 por cento da dose recomendada de fertilizante (RDF) (120:75:75 NPK ha^{-1}) + vermicomposto @ 8 t ha^{-1} + Azotobactor + bactérias solubilizadoras de fósforo provou ser significativamente superior em termos de número de tubérculos por colina, índice de colheita e rendimento de tubérculos (32,7 t ha).$^{-1}$

Khalid et al. (2015) estudaram o efeito da gestão integrada de nutrientes no crescimento e no rendimento atribuindo caracteres de rabanete (Raphanus sativus L.) e relataram que a altura máxima da planta (66,02 cm), número de folhas por planta (13,47), comprimento das folhas (41,39 cm), largura das folhas (12.98 cm), área foliar (537,89 cm^2) e peso fresco das folhas por planta (146,07 g), comprimento da raiz (34,12 cm), diâmetro da raiz (3,43 cm), peso da raiz por planta (193,03 g) e rendimento da raiz (843,43 q ha^{-1}) foram registados com a aplicação de NPK (80:60:60 kg ha^{-1}) + FYM (10 t ha^{-1}) + PSB (5 kg ha^{-1}).

Sarma et al. (2015) revelaram que, na cenoura, o maior rendimento de raízes (19,60 t ha^{-1}) foi obtido com a aplicação combinada de Azotobactor, FYM, fosfato de arroz e PSB.

Anand et al. (2016) realizaram uma experiência sobre o efeito da gestão integrada de nutrientes na cenoura na faixa de transição nordeste de Karnataka e revelaram que a aplicação de 50% de FTR + 25% de azoto através de FYM + 25% de azoto através de vermicomposto registou a altura máxima das plantas (30,40 cm) em relação a outros tratamentos.

Benerjee et al. (2016) citaram que uma maior produção de tubérculos de batata (25,71 t ha^{-1}) foi obtida com a aplicação de incorporação de resíduos + biofertilizantes + 100 por cento RDF (NPK @ 200:150:150 kg ha $)^{-1}$

Bhagwat et al. (2016) notaram um maior rendimento (54,63 t ha^{-1}) e TSS (12,93 °B) foram registados com a aplicação de NPKS @ 110: 40: 60: 40 kg ha^{-1} + 7,5 t ha^{-1} FYM + 5 t ha^{-1} PM + 2,5 t ha^{-1} vermicomposto em cebola.

Kumar et al. (2016) realizaram uma experiência sobre o efeito da gestão integrada de nutrientes no crescimento e no rendimento da cebola (Allium cepa L.) e referiram que a altura máxima das plantas, o número de folhas por planta e o comprimento das folhas foram registados com a aplicação de NPK + FYM @ 15 t ha^{-1} + Azatobactor + PSB.

Ziaf et al. (2016) observaram que o peso fresco da raiz e o rendimento comercial foram significativamente maiores devido à aplicação combinada de PSB e RDF em rabanete.

Anand et al. (2017) realizaram uma experiência sobre a influência da gestão integrada de nutrientes para o alho sob a condição de Nilgiris e relataram que a altura máxima da planta (64,11 cm), o número de folhas por planta (9,0), o comprimento da folha (41.25 cm), diâmetro polar (3,69 cm) e espessura do pescoço (3,6 cm), peso do bolbo por planta (227 g) e rendimento total por hectare (89,10 q) foram obtidos com a aplicação de NPKS @ 75:40:40:40 kg ha^{-1} + FYM 5 t ha^{-1} + estrume de aves 2,5 t ha^{-1} + vermicomposto 2,5 t ha^{-1} .

Gebremichael et al. (2017) descobriram que a aplicação combinada de 5 t ha^{-1} vermicomposto mais 50 por cento de fertilizantes N inorgânicos registou a maior altura da planta, número de folhas, comprimento da folha, espessura do pescoço, comprimento do bolbo, diâmetro do bolbo, peso médio do bolbo, rendimento biológico, índice de colheita, rendimento comercializável, peso seco do bolbo, biomassa seca total e rendimento total na cebola.

Singh et al. (2017) concluíram que a aplicação de 25% de FTR + 25% de FYM

+ 25% de vermicomposto + 25% de PSB registou a altura máxima das plantas (53,0 cm), o número de folhas por planta (16,38), o comprimento das folhas (42.55 cm) e peso fresco de folhas por planta (100.36 g), produção de raízes (280 q ha^{-1}) e TSS (11.28 °B) enquanto que o conteúdo máximo de ácido ascórbico (3.12 mg 100 g^{-1}) foi registado na aplicação de 50 por cento RDF + 50 por cento FYM.

Agic et al. (2018) relataram que quando a beterraba foi cultivada sob o regime de biofertilizantes Micro-Vita II registou teores significativamente mais elevados de vitamina C (14,71 %), celulose (27,59 %), proteína (44,62 %), minerais (6,25 %) e Fe (100 %) em comparação com o tratamento de controlo.

Bhalekar et al. (2018) citaram que quando a cultura da cebola recebeu NPKS @ 110:40:60:40 kg ha^{-1} + FYM @ 7,5 t ha^{-1} + PM @ 2,5 t ha^{-1} + 2,5 toneladas de + VM @ 2,5 t ha^{-1} + biofertilizantes 5 kg ha^{-1} cada um de Azospirillum + Phosphobacteria registou o maior rendimento de bolbos.

Ingole et al. (2018) observaram que, quando a beterraba foi fornecida com vermicomposto @ 9,2 t ha^{-1} + azatobactor @ 10 kg ha^{-1} + PSB @ 10 kg ha^{-1} + VAM @ 40 kg ha^{-1} como tratamento do solo, verificou-se que os atributos de rendimento superior foram significativamente registados i.ou seja, circunferência da raiz (20,83 cm), comprimento da raiz (8,03 cm), diâmetro da raiz (6,27 cm), peso médio da raiz por planta (158,33 g), rendimento da raiz por parcela (4,75 kg) e rendimento da raiz por hectare (234,33 q).

Jagadeesh et al. (2018) observaram que os parâmetros de rendimento, como o comprimento da raiz e o índice de colheita, foram máximos com FYM (50 %) + estrume de aves (50 %), enquanto o maior rendimento de raiz foi registado com estrume de aves (100 %), que estava a par com vermicomposto (100 %) e a maior relação raiz/parte aérea foi registada com FYM (50 %) + estrume de aves (50 %) seguido de vermicomposto (100 %).

Jaisankar (2018) citou que, no rabanete, o menor número de dias necessários para a germinação (3,12 dias), comprimento do rebento (43,56 cm), número de folhas por planta (14,68), área foliar (185,86 cm^2), peso do rebento (56,23 g), produção de matéria seca da cultura (26,13 g), comprimento da raiz (15,63 cm), perímetro da raiz (3.11 cm), peso da raiz (161,59 g), produção de raiz por parcela (4,09 kg), teor de ácido ascórbico (30,18 mg 100 g^{-1}), teor de cálcio (57,91 mg 100g^{-1}) e teor de fibra (1,07 mg 100 g^{-1}) foram maiores na aplicação integrada de Vermicomposto @ 12,5 t ha^{-1} + Azospirillum @ 5 kg ha^{-1} + ácido húmico @ 0,2 por cento ha^{-1} .

Mali et al. (2018) descobriram que a altura máxima da planta (34,5 cm), o número de folhas por planta (11,82), o peso fresco da planta (224,3 g), o comprimento da raiz (25,2 cm), o diâmetro da raiz (2,96 cm), o peso da raiz por planta (115,5 g) e o rendimento da raiz por parcela (6,70 kg) foram obtidos com a aplicação de PSB @ 4 kg ha^{-1} mais vermicomposto @ 5 t ha^{-1} em rabanete.

Monika et al. (2018) relataram que, no rabanete, o rendimento máximo foi registrado no tratamento composto por 90% de RDF + 10% de composto de cogumelo gasto + FYM + Biofertilizante com um aumento médio de (15,31%) em relação à prática recomendada.

Paul et al. (2018) observaram que os valores mais altos de perímetro, peso médio e rendimento foram iguais no PAC-60008 fertilizado com 75% de NPK + estrume de aves de capoeira @ 2,5 t ha^{-1} enquanto o menor rendimento (22,10 t ha^{-1}) foi registado no SV-887 fertilizado com estrume de vaca @ 10 t ha^{-1} na raiz de beterraba.

Pathak et al. (2018) citaram que, no rabanete, foi registado um maior rendimento por parcela no tratamento de FYM @ 20 t ha^{-1} + RDFNPK @ 80:60:60 Kg ha^{-1} + consórcio microbiano IIHR @ 12,5 Kg ha^{-1} .

Dhakad et al. (2019) relataram que, nos parâmetros de crescimento da cebola, a altura máxima da planta (43,81 cm), o número máximo de folhas por planta (10,52) e a espessura do pescoço (2,45 cm) foram registados com o tratamento de 125 kg ha^{-1} N + 50 kg ha^{-1} cada um de P e K + FYM 20 t ha^{-1} aos 90 dias após o transplante.

Javanmard et al. (2019) citaram que o rendimento da raiz de beterraba, o rendimento de açúcar branco e o coeficiente de extração de açúcar foram mais elevados na aplicação integrada de nitroxina + fosfato barvar - II + 20 t ha^{-1} vermicomposto + 50 por cento de fertilizante químico.

Kushwah et al. (2019) relataram que, no rabanete, o teor de fibra (763,67 mg 100 g^{-1}), o TSS (5° Brix) e o teor de ácido ascórbico (37,17 mg 100g^{-1}) nas raízes foram máximos pela aplicação de 75% de NPK + 25 + azoto através de vermicomposto.

Paithankar e Gore (2019) concluíram que a aplicação de 75% de FTR através de fertilizantes + vermicomposto 0,825 t ha^{-1} + Azotobacter 5 kg ha^{-1} mais PSB 5 kg ha^{-1} foi mais benéfica para obter melhor qualidade com maior rendimento em espinafres indianos.

Shanu et al. (2019) afirmaram que 25 por cento RDF + 50 % FYM @ (6 t/ha) + 50 % Vermicomposto @ (3 t/ha) + 50 % Bactérias da rizosfera registaram significativamente a altura máxima da planta (53,50 cm), número de folhas por planta (16,40), comprimento máximo da folha (38,20 cm), peso fresco das folhas (62.46 g), comprimento máximo da raiz (19,76 cm), diâmetro da raiz (3,96 cm), peso fresco da raiz (81,33 g), produção de raízes por parcela (5,60 kg), produção de raízes por hectare (18,60 t), sólidos solúveis totais (12,40 %), teor de ácido ascórbico (5,33 mg 100g^{-1}), teor de caroteno (4,73 mg 100 g^{-1}) e relação córtex/caroço (0,90) na cenoura.

Dlamini et al. (2020) observaram que a beterraba cultivada sob a aplicação de 80 t ha^{-1} de estrume de gado registou valores mais elevados na altura da planta (32,5 cm), número de folhas por planta (9), área foliar (206 cm^2), diâmetro da raiz (5.1 cm), comprimento da raiz (11,7 cm), massa fresca da raiz por planta (10,8 g), massa seca da raiz por planta (9,2 g), rendimento comercializável por planta (9,2 g) e qualidade do aroma (33,5 %), sabor (34 %), textura (35 %) da parte comestível. 2.2. Efeito da gestão integrada de nutrientes nas propriedades físico-químicas do solo em relação ao crescimento, rendimento e qualidade da beterraba.

Tsega et al. (2010) referiram que o rendimento do alho apresentou uma correlação positiva significativa com a altura da planta, o número de folhas por planta, o comprimento do pseudocaule, o peso do bolbo e o número de dentes por bolbo.

Manna e Paul. (2012) revelaram que a produção de frutos de tomate expressou uma correlação significativamente positiva com a espessura do pericarpo, o comprimento do fruto, o peso do fruto e o número de frutos por planta.

Singh et al. (2013) citaram que a produção de bolbos de alho mostrou uma correlação significativamente positiva com a altura da planta, o número de folhas por planta, o comprimento do pseudocaule, o peso do bolbo e o número de dentes por bolbo.

Pathak et al. (2014) verificaram que o número de frutos por planta tinha uma correlação significativamente positiva com o rendimento da cabaça amarga.

Paul et al. (2014) concluíram que em colacasia o rendimento por planta apresentou correlação fenotípica significativamente positiva com o comprimento do pecíolo (0,481), comprimento da folha (0,576), largura da folha (0,918), número de folhas (0,620), comprimento da inflorescência (0,662), comprimento da espata (0,890) e largura da espata (0,992).

Kumar et al. (2015) revelaram que, no alho, o peso médio do cravo-da-índia apresentou uma correlação significativamente positiva com o número de folhas por planta, o comprimento da folha, o peso médio do cravo-da-índia e o diâmetro equatorial, enquanto apresentou uma correlação significativamente negativa com os sólidos solúveis totais do cravo-da-índia.

Singh et al. (2015) observaram que, na batata-doce, o rendimento total (q ha^{-1}) apresentou uma correlação significativamente positiva com a circunferência do tubérculo, o comprimento do tubérculo por videira, o peso médio do tubérculo e o rendimento por planta.

Nwaigwe et al. (2016) concluíram que o número de raízes saldáveis, o número de ramos laterais, o comprimento da videira e o número de folhas às quatro semanas apresentaram uma correlação positiva com o rendimento por planta na batata.

Sanghera et al. (2016) relataram que, em genótipos de raiz de beterraba, foi observada uma correlação positiva significativamente alta entre o rendimento da raiz com o comprimento do rebento (r=0,475), peso do rebento (r=0,435), perímetro da raiz (r=0,605), volume da raiz (r=0,538) e germinação (%) (r=0,360), enquanto foi negativamente correlacionado com o comprimento da raiz e o índice de colheita.

Sharma et al. (2016) revelaram que o peso do bolbo por planta de alho apresentou uma correlação significativamente positiva com a altura da planta (0,541, 0,508), o comprimento da folha (0,461, 0,419), a altura do pseudo caule (0,430, 0,417), o diâmetro do pseudo caule (0,562, 0.509), diâmetro polar do bolbo (0.733, 0.714), diâmetro equatorial do bolbo (0.858, 0.827), número de cravos por bolbo (0.322, 0.317), comprimento do cravinho

(0.581, 0.545) e peso do cravinho (0.713, 0.706) tanto a nível genotípico como fenotípico, respetivamente.

Kadam et al. (2016) referiram que, no alho, o número de dentes por bolbo apresentou uma correlação significativamente positiva com a produção de bolbos por planta, tanto a nível genotípico como fenotípico

Prajapati et al. (2016) revelaram que houve uma correlação positiva entre o rendimento comercializável e o rendimento total (0,824), o comprimento da folha (0,634), a largura da folha (0,544), o diâmetro equatorial do bolbo (0,559), a altura da planta (0,498), o diâmetro do pseudocaule (0,476), o diâmetro polar do bolbo (0,460), o peso médio do bolbo (0,459) e os dias até à maturação (0,435) no alho.

Bhatt et al. (2017) observaram que, no alho, tanto a nível genotípico como fenotípico, o rendimento bruto dos bolbos apresentou uma correlação significativamente positiva com o número de dentes por bolbo, o teor de ácido ascórbico e o peso de 10 dentes uniformes

Chotaliya e Kulkarni. (2017) afirmaram que, no alho, a produção de bolbos teve uma correlação positiva significativa com caracteres como a altura da planta, o número de folhas por planta, a largura da folha na porção média, o comprimento do pseudocaule, o diâmetro do colo do bolbo, o diâmetro equatorial do bolbo, o diâmetro polar do bolbo, o peso do bolbo, o comprimento do cravo, o diâmetro polar do cravo e o diâmetro equatorial do cravo.

Gurmu et al. (2017) citaram que, na batata-doce, o comprimento da videira e o comprimento da raiz, que tinham uma correlação positiva altamente significativa com o rendimento fresco da raiz.

Ashish (2017) concluiu que, no tomate, o rendimento por hectare tinha uma correlação positiva com o número de frutos por planta, a espessura do pericarpo, o número de lóculos por fruto, o peso médio dos frutos, o teor de ácido ascórbico e o rendimento por planta.

Naveen et al. (2017) relataram que, no tomate, a produção de frutos expressou uma correlação significativamente positiva com a altura da planta, o peso médio dos frutos, o licopeno e o betacaroteno.

Tejaswini et al. (2017) afirmaram que, no espinafre, foi observada uma correlação altamente significativa e positiva do rendimento foliar com a altura da planta, o diâmetro do caule, o peso do caule, o comprimento da folha, a largura da folha, o índice de área foliar, o peso da folha por planta e a relação caule-folha aos 30, 60 e 90 DAS, o teor total de clorofila, o teor de proteínas, o ácido ascórbico, o teor de humidade e o ácido fólico, enquanto o número de ramos e folhas aos 30, 60 e 90 DAS mostrou uma associação negativa com o rendimento foliar.

Sahu et al. (2018) citaram que, na cebola, a produção total de bolbos tinha uma correlação significativamente positiva com o número de folhas por planta, o comprimento da folha, o diâmetro polar, o estabelecimento da planta, o SST e o peso médio do bolbo comercializável.

O estudo de Singh e yadav (2018) revelou que, em colacasia, o rendimento por planta tinha uma correlação fenotípica e genotípica significativamente positiva com o peso dos cormos por planta, o peso dos cormos por planta, o número de cormos por planta e a matéria seca.

Kathayat et al. (2019) citaram que, em colacasia, o número de espigas por planta e o peso das espigas por planta apresentaram uma correlação significativamente positiva com o rendimento

Lavanya et al. (2019) concluíram que, na batata, o rendimento total de tubérculos por parcela teve uma correlação significativamente positiva com o rendimento comercializável por parcela, o número de tubérculos por planta, a matéria seca e o número de caules.

Gateri et al. (2018) observaram que a altura da planta apresentou uma correlação significativamente positiva com o número de folhas por planta, o diâmetro do bolbo e o rendimento do bolbo na cebola

2.3. Efeito da gestão integrada de nutrientes na capacidade de armazenamento.

Sankar et al. (2005) referiram que a combinação de tratamento orgânico consistindo em três por cento de panchakavya + cada um de 50 por cento de FYM e estrume de aves de capoeira registou as perdas pós-colheita mais baixas (30,57 %) na cebola aos 120 dias após o armazenamento, em comparação com a cebola cultivada com fertilizante inorgânico de 100 por cento NPK (39,84 %).

Gethe et al. (2006) observaram que a aplicação de fertilizante a 75% de FTR + 25% de N através de FYM ou 50% de FTR + 50% de N através de FYM resultou em perdas mínimas de armazenamento na cebola.

Singh et al. (2010), em tomate, relataram que a aplicação de vermicomposto sozinho aumentou o prazo de validade em 25% e o TSS para além de 4,5%.

2.4. Efeito da gestão integrada de nutrientes nas propriedades físico-químicas do solo antes e depois da experiência.

Coolong et al. (2004) referiram que a aplicação de estrume de ovelha e de galinha aumentou a disponibilidade de N no solo.

Chaudhary et al. (2005) referiram que a incorporação de biofertilizantes e de FYM com fertilizantes inorgânicos melhorou significativamente o teor de carbono orgânico e o estado disponível de N, P e K do solo no tomate

Basavaraja et al. (2007) verificaram que, na cebola, após a colheita da cultura, a análise do solo não mostrou qualquer diferença significativa no pH e na CE entre os tratamentos. No entanto, o carbono orgânico, o fósforo disponível e o potássio foram significativamente mais elevados devido à aplicação de estrume orgânico juntamente com 50 ou 100 por cento de FTR

Ambede et al. (2008) observaram que a aplicação de 50 por cento de FTR mais biofertilizantes (PSB + Azotobacter @ 250 g kg^{-1} semente) registou o maior pH (6,14), CE (0,334 dS mol^{-1}) e teor de carbono orgânico (1,86 %) no solo após a colheita da cabaça amarga.

Narayanamma et al. (2009) observaram que a aplicação de diferentes adubos orgânicos, nomeadamente, FYM, bolo de neem, vermicomposto e estrume de aves de capoeira registou o maior teor de N, P e K disponível no solo após a colheita da cabaça de garrafa.

Narayanamma et al. (2010) descobriram que o FTR em combinação com tratamentos INM aumentou o teor de fósforo disponível no solo após a colheita da cultura do pepino.

Kameshwari et al. (2011) realizaram uma experiência de campo sobre a influência da gestão integrada de nutrientes no solo após a colheita da cultura de cabaça de crista e que a aplicação de FTR (100:50:50 NPK) registou o teor máximo de carbono orgânico (0,48 %) no solo.

Merentola et al. (2012) observaram que a aplicação de 100 por cento de fertilizantes NPK isoladamente registou o teor máximo de azoto disponível no solo após a colheita da cultura da couve.

Tekasangla et al. (2015) constataram que, na couve-flor, houve um acúmulo significativo de carbono orgânico no solo após a colheita da cultura com a aplicação de 50% de NPK e 50% de FYM + Biofertilizantes.

Zeid et al. (2015) notaram que a aplicação de estrume de galinha causou um aumento nos nutrientes disponíveis no solo, nomeadamente Fe, Mn e Zn, em vez de outros tratamentos.

Prasad et al. (2016) citaram que, na cabaça de garrafa, a aplicação excessiva de fertilizantes pode afetar negativamente a saúde do solo e o ambiente circundante, a utilização da gestão integrada de nutrientes pode melhorar as propriedades do solo sem proporcionar uma redução significativa da produtividade.

Kafle et al. (2019) relataram que o estado de N, P e K disponíveis no solo aumentou gradualmente devido à aplicação de fertilizantes inorgânicos e orgânicos na batata.

Capítulo III

MATERIAIS E MÉTODOS

A presente investigação intitulada "Efeito da gestão integrada de nutrientes no crescimento, rendimento, qualidade e capacidade de armazenamento da beterraba (Beta vulgaris L.) Cv. Crimson Globe em condições alcalinas." foi realizado durante a estação rabi do ano 2019-2020 na Faculdade de Horticultura, Mojerla, Universidade Estatal de Horticultura Sri Konda Laxman Telangana. Os pormenores relativos ao local, ao material utilizado e às técnicas adoptadas durante o período de experimentação são apresentados neste capítulo nas rubricas e subrubricas seguintes. 3.1 CONDIÇÕES GEOGRÁFICAS E CLIMATÉRICAS DO LOCAL

SÍTIO EXPERIMENTAL

O sítio experimental, Mojerla, está situado a uma altitude de 401 m acima do nível médio das águas do mar, a 77^0 .96' de longitude leste e 16^0 .36' de latitude norte e o clima é semi-árido. Os dados sobre os parâmetros durante o período de investigação, registados na Estação de Investigação Metrológica anexa a Krishi Vignan Kendra, Madanapuram, Kothakota Mandal, são apresentados no Apêndice I.

3.2 CARACTERÍSTICAS DO SOLO DO SÍTIO EXPERIMENTAL

O solo do sítio experimental era de textura franco-arenosa. A fim de compreender as propriedades físicas e químicas do sítio experimental, foram recolhidas algumas amostras de solo (15-20) em diferentes locais, desde a superfície até uma profundidade de 15-22 cm. A análise física e química das amostras representativas do solo foi efectuada antes do início da experiência e os pormenores são fornecidos a seguir.

Tabela 3.2: Propriedades físico-químicas do local da experiência

Sl. Não	Particularidades	Valores	Método de análise
1 -	**Físico**		
	Areia (%)	72.3%	Hidrómetro de Bouyoucos (Piper, 1950)
	Silte (%)	7.2%	
	Argila (%)	21.6%	
	Classe textural	Sandy	
2 -	**Química Características**		
	pH (1:2,5 solo: suspensão de água)	7.52	Beckman pHmeterglass método do elétrodo (Jackson, 1967)
	CE (dS mol'^{1})	0.18	Método de Solubridge (Jackson, 1967)
	Carbono orgânico (%)	0.35	Walkley e Black (1934)
	N disponível (kg ha)$^{-1}$	242.11	Método do permanganato alcalino (Subbiah e Asija, 1956)
	P2O5 disponível (kg ha)$^{-1}$	28.2	Método de Olsen (Olsen et al. 1954)
	K2O disponível (kg ha-1)	242.3	Fotometria de chama (Jackson,

				1967)

3.3 MATERIAL DAS SEMENTES:

A experiência foi efectuada com a cultura de raízes de beterraba Cv Crimson Globe e foi adquirida no IARI, Katrain, Himachal Pradesh.

3.3.1 DESCRIÇÃO DA CULTIVAR DE RAÍZES DE BETERRABA CRIMSON GLOBO

A Crimson Globe é uma variedade de alto rendimento adequada para cultivo em zonas de estação quente e fria e foi desenvolvida pela Sakata Passion Seeds Company. Produz raízes uniformes de formato redondo a achatado com cor vermelha profunda. Os topos são de tamanho médio e são de cor verde clara com uma coroa refinada. Apresenta um zoneamento leve durante a safra de verão. É utilizada para o mercado de produtos frescos e para fins de transformação e tem uma resistência intermédia à mancha foliar e ao míldio.

3.4 PRÁTICAS CULTURAIS

3.4.1 PREPARAÇÃO DO TERRENO

O local experimental foi levado a um solo fino através de lavoura e gradagem repetidas e, em seguida, aplicou-se FYM bem decomposto @ 25 t ha^{-1} como dose basal. O local foi nivelado e dividido em parcelas de 2 m x 2 m. Um canal de irrigação de 0,5 m de tamanho foi instalado entre dois canteiros.

3.4.2 ADUBOS ORGÂNICOS E INORGÂNICOS

Adubos orgânicos, como esterco de curral bem decomposto @ 4,8 kg por $parcela^{-1}$ e vermicomposto @ 1,2 kg por $parcela^{-1}$ foram incorporados uniformemente nas respectivas parcelas experimentais, como tratamento de aplicação. Da mesma forma, N, P e K @ 28: 44: 28 kg ha^{-1} foram aplicados na forma de ureia, superfosfato simples e muriato de potássio, respetivamente. A ureia foi aplicada em duas partes, a primeira dose como aplicação basal e a outra dose aos 30 dias após a semeadura. A dose completa de superfosfato simples e muriato de potássio foi aplicada no momento da sementeira como dose basal.

3.4.3 BIOFERTILIZANTES

Os biofertilizantes, azotobacter e PSB, cada um com 10 kg ha^{-1} , foram usados como tratamento de sementes. Para o efeito, preparou-se uma pasta de açúcar de cana, que foi vertida lentamente sobre as sementes e depois misturada uniformemente para obter um revestimento uniforme em todas as sementes, sendo depois seca à sombra e semeada imediatamente.

3.4.4 SEMENTEIRA DE SEMENTES

As sementes foram semeadas em sistema de camalhões e sulcos, com um espaçamento de 45 x 15 cm e a taxa de sementeira adoptada foi de 5 kg ha^{-1}.

3.4.5 IRRIGAÇÃO

A cultura foi levemente irrigada imediatamente após a semeadura para obter uma germinação melhor e uniforme. Posteriormente, as regas foram efectuadas com intervalos de sete dias, dependendo do estado de humidade da parcela experimental, para manter a humidade do solo uniforme durante todo o período de crescimento da cultura.

3.4.6 DESBASTE E PREENCHIMENTO DE LACUNAS

Foi feita aos 20 dias após a sementeira para manter uma população óptima de plantas e reteve apenas uma plântula por colina.

3.4.7 MONDA E LIGAÇÃO À TERRA

A fim de manter o solo em condições porosas e livre de ervas daninhas, a monda manual foi efectuada aos 20 e 50 dias após a sementeira. O arranque foi efectuado aos 30 dias após a sementeira.

3.4.8 MEDIDAS FITOSSANITÁRIAS

Foram tomadas medidas profilácticas de proteção das plantas para controlar a incidência de doenças a intervalos regulares. Para proteção contra a mancha foliar de cercospora foi pulverizado dithanium m-45 @ 3 gr $litro^{-1}$.

3.4.9 COLHEITA

A colheita foi efectuada 75 dias após a sementeira, quando as raízes ainda estão tenras e atingiram um bom tamanho. Um dia antes da colheita, foi efectuada uma irrigação ligeira para facilitar o levantamento das raízes. As raízes colhidas foram lavadas e as observações foram registadas.

3.5 PROGRAMA TÉCNICO DOS TRABALHOS

3.5.1 PORMENORES EXPERIMENTAIS

Cultura	: Raiz de beterraba (Beta vulgaris L.)
Variedades	: Crimson Globe
Época	: Rabi, 2019- 2020
Tratamentos	: 8
Replicações	: 3
Conceção	: Desenho de blocos aleatórios (RBD)
Espaçamento	: 45 x 15 cm
Local de trabalho	: Bloco de Investigação PG.

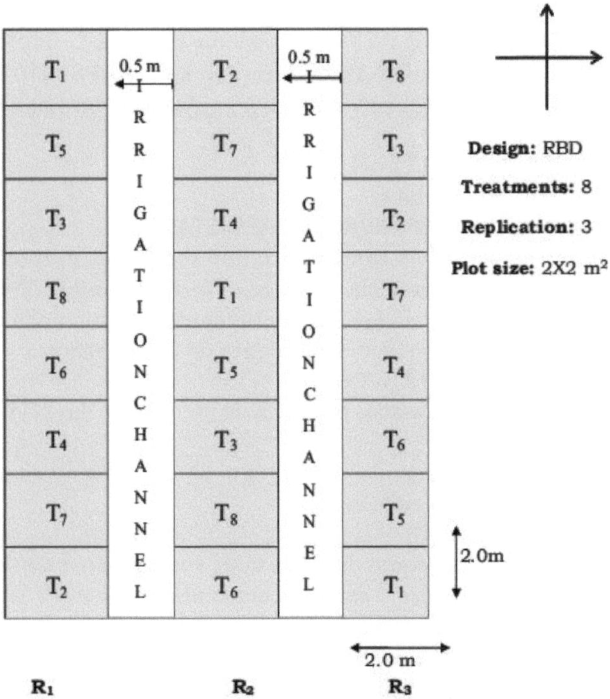

Fig. 1: Planta e esquema do sítio experimental

Foto 1: Vista geral do campo experimental

3.5.2 PORMENORES DO TRATAMENTO

T_1 -75 % RDNPK + FYM (12 t ha^{-1}) + Azatobactor (10 kg ha^{-1}) + PSB (10 kg ha $)^{-1}$

T_2 -75 % RDNPK + VC (3 t ha^{-1}) + Azatobactor (10 kg ha^{-1}) + PSB (10 kg ha $)^{-1}$

T3 -75 % RDNPK + FYM (6 t $_{ha-1}$) +VC (1,5 t $_{ha-1}$) + Azatobactor (10 kg ha^{-1}) + PSB (10 kg ha $)^{-1}$

T4 -50 % RDNPK + FYM (12 t $_{ha-1}$) + Azotobactor (10 kg $_{ha-1}$) + PSB (10 kg ha $)^{-1}$

T5- 50 % RDNPK + VC (3 t $_{ha-1}$) + Azatobactor (10 kg $_{ha-1}$) + PSB (10 kg ha $)^{-1}$

T6- 50 % RDNPK + FYM (6 t $_{ha-1}$) +VC (1,5 t $_{ha-1}$) + Azatobactor (10 kg ha^{-1}) + PSB (10 kg ha $)^{-1}$

T7 -75 % RDNPK + FYM (12 t $_{ha-1}$)

T8-50 % RDNPK + FYM (12 t ha $)^{-1}$

3.6 PORMENORES DAS OBSERVAÇÕES REGISTADAS

Os dados sobre os seguintes caracteres foram registados durante o curso da investigação para a experiência realizada. Cinco plantas de crescimento uniforme foram seleccionadas aleatoriamente e marcadas em cada tratamento e repetição para efeitos de registo de observações.

3.6.1 PARÂMETROS VEGETATIVOS

3.6.1.1 Número de dias necessários para 80% de germinação das plântulas de beterraba

Foi registado desde a data de sementeira até à percentagem oitenta de germinação e foi expresso em dias.

3.6.1.2 Altura da planta (cm)

Foi medido da base até à ponta da folha mais comprida aos 25, 50 e 75 DAS com a ajuda de uma balança e expresso em centímetros (cm).

3.6.1.3 Número de folhas por planta

A contagem foi efectuada aos 25, 5 0 e 75 DAS e as médias foram expressas em número.

3.6.1.4 Área foliar (cm $)^2$

Foi registado com a ajuda de um método gráfico aos 25, 50 e 75 DAS e as médias foram expressas em centímetros quadrados (cm^2). 3.6.1.5 Índice de teor de clorofila

Foi medido pelo medidor Spad

3.6.2 PARÂMETROS DE RENDIMENTO

3.6.2.1 Comprimento da raiz (cm)

O comprimento da raiz desde o ápice até à base foi medido com uma balança e a média foi expressa em centímetros (cm).

3.6.2.2 Diâmetro da raiz (cm)

O diâmetro da raiz foi registado com a ajuda de um compasso de Vernier e a média foi expressa em centímetros (cm).

3.6.2.3 Produção de raízes (g planta $)^{-1}$

As raízes das plantas de cada tratamento foram colhidas separadamente e pesadas com a ajuda de uma balança eletrónica e a média foi expressa em gramas (g).

3.6.2.4 Produção de raízes (kg parcela $)^{-1}$

As raízes de cada parcela de tratamento foram colhidas separadamente e pesadas com a ajuda de uma balança eletrónica e a média foi expressa em quilogramas (kg).

3.6.2.5 Rendimento de raízes por hectare (t ha $)^{-1}$

A produção de raízes por parcela foi inicialmente calculada por balança eletrónica e, em seguida, foram calculadas as médias por hectare e a média foi expressa em toneladas (t).

3.6.2.6 Relação raiz/parte aérea (%)

Foi medido em cada parcela através do cálculo do peso fresco da raiz e do rebento com a ajuda de uma balança eletrónica.

3.6.2.7 Índice de colheita (%)

O índice de colheita foi calculado através da fórmula

Rendimento biológico

Índice de colheita = x 100

Económico

rendimento

3.6.3 PARÂMETROS DE QUALIDADE

3.6.3.1 Teor de ácido ascórbico (mg 100g)$^{-1}$

Reagentes necessários

1. 4 % (p/v) Ácido oxálico: 40 g de ácido oxálico em 1000 mL de água destilada.
2. Solução corante: 84 mg de bicarbonato de sódio e 104 mg de 2, 6-diclorofenol indofenol em 400 ml de água destilada.
3. Padrão de reserva de ácido ascórbico: (1 mg ml^{-1}): 100 mg em 100 ml de ácido oxálico a quatro por cento.
4. Padrão de trabalho do ácido ascórbico: (100 jarros ml^{-1}): 10 ml do padrão de reserva de ácido ascórbico diluídos a 100 ml com ácido oxálico a 4 %.
5. Extração das amostras: Antes do procedimento de extração, todas as amostras foram cuidadosamente limpas com água desionizada para remover quaisquer contaminantes aderentes, se presentes. Cinco gramas da amostra (pó seco ou material fresco (gengibre, alho, cebola)) foram pesados com precisão e triturados num almofariz e pilão ou num moinho elétrico com a adição de 10 ml de ácido oxálico a quatro por cento. A mistura foi novamente triturada e coada através de quatro camadas de tecido de musselina. O volume final do extrato foi completado até 25 ml com ácido oxálico a quatro por cento num balão normalizado. Todas as amostras foram tratadas de forma semelhante. Determinação do ácido ascórbico

O teor de ácido ascórbico de algumas especiarias indianas foi determinado pelo método de titulação do 2, 6-diclorofenol indofenol (DCPIP) descrito por (Rao e Deshpande, 2006).

Pipetaram-se 5 ml do padrão de trabalho de ácido ascórbico (500 ug 5 ml^{-1}) e 10 ml de ácido oxálico a 4 % para um erlenmeyer de 100 ml. O conteúdo do balão foi titulado com a solução de corante (V_1) até ao aparecimento de uma cor rosa pálido que persistiu durante alguns minutos. Titularam-se igualmente 5 ml da amostra de ensaio com a solução corante (V_2). O teor de ácido ascórbico presente nas amostras de ensaio foi determinado utilizando a fórmula:

500 x V2 X 25 X 100

Teor de ácido ascórbico (mg 100 g^{-1}) =

-V1 x 5 x 5

Onde;

500 = jarro de ácido ascórbico padrão utilizado para a titulação

V1 = Volume de corante consumido por 500 ug de ácido ascórbico padrão

V2 = Volume de corante consumido por 5 ml de ensaio

amostra

25= Corresponde ao volume total do extrato

100 = Teor de ácido ascórbico 100 g^{-1} do

amostra

5 = Peso da amostra colhida para extração

5 = Volume da amostra para ensaio tomada para titulação

3.6.3.2. Betanina (mg 100^{-1} g)

O teor de betanina das raízes foi determinado aquando da colheita com o procedimento sugerido por Singh et al. (2017) e foi expresso em (mg 100 g^{-1}) amostra Materiais e métodos

3.6.3.2.1 Materiais

As cascas de beterraba recolhidas na nossa messe universitária foram secas na estufa a 55°C durante 15-18 horas e moídas até se obter um pó de 80 mesh.

Os solventes utilizados para a extração foram cristais de ácido cítrico (Nice Chemicals Private Limited India) e etanol (99,9%).

3.6.3.2. 3Determinação do teor de Teor de betalaínas

A quantidade de betalaína em cada caso foi calculada como mg g^{-1} basis. A solução concentrada de pigmentos vermelhos foi diluída com água destilada e a extinção medida no comprimento de onda de 535 nm. A quantificação foi expressa em mg de betalaínas 100g de pó$^{-1}$ utilizando a seguinte equação

Teor total de betanina (mg $_{g-1}$) = $\frac{A \times DF \times}{1000\ e\ L}$

Onde:

A: Valor de absorção a 535 nm, DF: Volume de diluição, L: Comprimento do trajeto da cuvete 1 cm, MW: Massa molecular da betalaína (550 g mol^{-1}), e: O coeficiente de extinção da betalaína 60000-litro mol^{-1} . Os teores de betalaína foram determinados para amostras tratadas com várias condições de parâmetros de extração, nomeadamente solvente (ácido cítrico e etanol), potência de micro-ondas (180, 300 e 450 W), tempo de micro-ondas (30, 60 e 90 s), pH (4, 5 e 6) para o solvente ácido cítrico e concentração (25, 50 e 75 %) para o etanol.

3.6.3.3 Sólidos solúveis totais (° Brix)

Foi determinado utilizando o refratómetro manual ERMA. Duas a três gotas de sumo foram colocadas no prisma do refratómetro e a leitura foi observada na escala e as médias foram expressas em ° Brix. 3.7 Análise da capacidade de armazenamento

3.7.1 Perda de peso fisiológica (PPF)

O peso dos bolbos foi registado aos 5, 10 e 15 dias após o armazenamento, utilizando uma balança eletrónica. A perda cumulativa de peso dos bolbos foi calculada e expressa em percentagem de perda fisiológica de peso, utilizando a fórmula abaixo indicada.

$$PLW\ \% = \frac{P0 - P1 \text{ ou } P2 \text{ ou } P3}{P0} \times 100$$

Onde
P0 =inicial
Peso
P1 = peso após 20
dias P2 = peso após
40 dias P3 = peso
após 60 dias
Perda de peso fisiológica aos 20, 40 e 60 dias após a colheita

3.8 ESTADO DOS NUTRIENTES DO SOLO

Antes da aplicação de fontes integradas de nutrientes no local experimental, foram recolhidas amostras de solo, para conhecer o estado dos nutrientes do solo. Após a colheita da cultura, foram novamente recolhidas amostras de solo a uma profundidade de 30 cm em cada parcela de tratamento, utilizando um dispositivo de parafuso sem-fim.

As amostras de solo foram recolhidas, misturadas cuidadosamente e secas ao ar à sombra, trituradas num almofariz de madeira com um pilão de madeira e peneiradas numa peneira de 2 mm. Após o processamento, as amostras foram armazenadas em caixas de cartão canelado devidamente rotuladas e utilizadas para estimar o teor de azoto, fósforo e potássio disponíveis, o pH, a condutividade eléctrica e o carbono orgânico no solo antes da sementeira e após a colheita da cultura.

3.8.1 Azoto disponível (kg ha $)^{-1}$

Foi determinado pelo método do permanganato alcalino (Subhiah e Asija, 1956).

3.8.2 Fósforo disponível (kg ha $)^{-1}$

Foi determinado pelo método de Olsen (Olsen et. al. 2019)

3.8.3 Potássio disponível (kg ha $)^{-1}$

Foi estimado por fotometria de chama (Jackson, 1967).

3.8.4 pH do solo

Foi medido utilizando o método do elétrodo de vidro do medidor de pH Beckman (Jackson, 1967)

3.8.5 Condutividade eléctrica do solo (dS mol $)^{-1}$

Foi medido utilizando o método Solubridge (Jackson, 1967)

3.8.6 Carbono orgânico do solo (%)

Foi estimada pelo método de titulação rápida de Walkely e Black (Walkley e Black 1934).

3.9 ANÁLISE ECONÓMICA

A economia é a consideração mais importante para fazer qualquer recomendação aos agricultores para a sua ampla adoção. Foi calculado dividindo os rendimentos brutos pelo custo de cultivo para cada tratamento.

Os pormenores do cálculo económico para cada tratamento são apresentados no Apêndice II.

3.10 ANÁLISE ESTATÍSTICA

Os dados foram analisados estatisticamente segundo a técnica de análise de variância (ANOVA), tal como afirmado por Panse e Sukhatme (1985). A significância estatística foi testada com o valor "F" a um nível de probabilidade de 5 % e, sempre que o valor F foi considerado significativo, a diferença crítica foi calculada a um nível de probabilidade de 5 %. Utilizou-se o software Statistical Package for the Social Science (SPSS) para efetuar a análise do coeficiente de correlação.

Capítulo IV

RESULTADOS E DISCUSSÃO

A presente investigação "Estudos sobre o efeito da gestão integrada de nutrientes no crescimento, rendimento, qualidade e capacidade de armazenamento da beterraba (Beta vulgaris L.) Cv. Crimson Globe em condições alcalinas" foi realizada durante a estação rabi do ano 201920 na Faculdade de Horticultura, Mojerla. Os dados recolhidos durante o estudo foram analisados estatisticamente e os resultados obtidos são discutidos neste capítulo nos parágrafos seguintes.

4.1 Parâmetros de crescimento
4.2 Parâmetros de rendimento
4.3 Parâmetros de qualidade
4.4 Análise do coeficiente de correlação
4.5 Análise da capacidade de armazenamento
4.6 Análise da saúde do solo
4.7 Análise económica

4.1 Parâmetros de crescimento

Os dados sobre os parâmetros de crescimento, nomeadamente o número de dias necessários para 80% de germinação das plântulas, a altura da planta, o número de folhas por planta, a área foliar e o índice de teor de clorofila são apresentados nos quadros 4.1.1 a 4.1.5.

4.1.1 Número de dias necessários para 80 % de germinação das plântulas (dias)

Os dados sobre o número de dias necessários para 80 % de germinação das plântulas, afectados pelos tratamentos de gestão integrada de nutrientes, são apresentados no quadro 4.1.1.

Entre todos os tratamentos, o tratamento T3 (75% RDNPK + FYM (6 t ha^{-1}) + Vermicomposto (1,5 t ha^{-1}) + Azatobactor (10 kg ha^{-1}) + PSB kg ha^{-1})) registou o menor número de dias necessários para 80% de germinação das plântulas (2,55 dias)

Tratamentos (T)	**Número de dias necessários para 80 % de germinação (dias)**
Ti-75 % RDNPK + FYM (12 t ha^{1}) + *Azatobactor* (10 kg ha^{1}) + PSB (10 kg ha)^{1}	3.13ab
T_2 -75 % RDNPK + VC (3 t ha^{1}) + *Azatobactor* (10 kg ha^{1}) + PSB (10kg ha)^{1}	2,97ab
T3-75 % RDNPK + FYM (6 t ha-^{1}) +VC (1,5 t ha-^{1}) + *Azatobactor* (10 kg ha^{1}) + PSB (10 kg ha)^{1}	2.55a
T_4 -50 % RDNPK + FYM (12 t ha^{1}) + *Azatobactor* (10 kg ha^{1}) + PSB (10 kg ha)^{1}	3,07ab
T_5 -50 % RDNPK + VC (3 t ha^{1}) + *Azatobactor* (10 kg ha^{1})	3.67bcd

+ PSB (10 kg ha)1	
T6-50 % RDNPK+ FYM (6 t ha-1) + VC (1,5 t ha-1) + *Azatobactor* (10 kg ha1) + PSB (10 kg ha)1	2,87ab
T7-75 % RDNPK + FYM (12 t ha-)1	3,92cd
T_8 -50 % RDNPK + FYM (12 t ha)1	4.22d
SE (m) ±	0.27
CD a 5 %	0.81

Quadro 4.1.1. Efeito da gestão integrada de nutrientes em número de dias necessários para 80 % de germinação (dias) de plântulas de beterraba Cv Crimson globe

e foi comparável ao tratamento T6 (2,87 dias), ao tratamento T2 (2,97 dias), ao tratamento T4 (3,07 dias) e ao tratamento T1 (3,13 dias), enquanto o tratamento T8 (50 % RDNPK + FYM (12 t ha-1)) registou o valor mais elevado (4,22 dias) e foi comparável ao tratamento T7 (3,92 dias) e ao tratamento T5 (3,67 dias).

Os dados enunciados sobre o número de dias necessários para 80% de germinação das plântulas revelaram que, entre os tratamentos, o tratamento T3 (75 % RDNPK + FYM (6 t ha-1) + Vermicomposto (1.5 t ha-1) + Azatobactor (10 kg ha-1) + PSB (10 kg ha-1)) registou o valor mais baixo, devido ao efeito combinado de fertilizantes orgânicos e inorgânicos, biofertilizantes fixadores de azoto e bactérias solubilizadoras de fósforo, que aumentaram a disponibilidade de todos os nutrientes principais e secundários na rizosfera e demoraram menos dias a germinar 80 % das plântulas.

O efeito promotor de crescimento da FYM como fonte de nutrientes para as plantas e húmus, melhorou as condições fisiológicas do solo em termos de bom arejamento e proliferação de actividades microbianas, o vermicomposto fornece nutrientes na forma disponível e actua como agente quelante.

Resultados semelhantes foram registados por Jaisankar (2018) em rabanete, Kamalakar reddy e Venkata rao (2004) em cabaça amarga.

4.1.2 Altura da planta (cm)

Os dados relativos à altura das plantas aos 25, 50 e 75 dias após a sementeira, influenciados pelos tratamentos de gestão integrada dos nutrientes, são apresentados no quadro 4.1.2 e na figura 4.1.2 Aos 25 DAS

Foram observadas diferenças significativas na altura das plantas devido aos tratamentos de gestão integrada de nutrientes aos 25 DAS. Entre os tratamentos, o tratamento T3 (75 % RDNPK + FYM (6 t ha-1) + Vermicomposto (1,5 t ha-1) + Azatobactor (10 kg ha-1) + PSB (10 kg ha-1)) registou a maior altura de planta (16.65 cm) e não foi significativo com o tratamento T2 (15,73 cm) e T6 (15,23 cm), enquanto o tratamento T8 (50 % RDNPK + FYM (12 t ha-1)) registou significativamente a menor altura de planta (10,19 cm).

AT 50 DAS

O quadro 4.1.2 e a figura 4.1.2 mostram que todos os tratamentos de gestão integrada de nutrientes diferiram significativamente no que respeita à altura das plantas aos 50 DAS. A maior altura de planta foi registada no tratamento T3 (75 % RDNPK + FYM (6 t ha^{-1}) + vermicomposto (1.5 t ha^{-1}) + Azatobactor (10kg ha^{-1}) + PSB (10 kg ha^{-1}) (35.00 cm) e foi comparável com o tratamento T6 (32.2 cm), enquanto que foi significativamente mínima no tratamento T8 (50 % RDNPK + FYM (12 t ha^{-1})) (19.9 cm).

AT 75 DAS

Todos os tratamentos de gestão integrada de nutrientes diferiram significativamente em relação à altura da planta aos 75 DAS. Entre os tratamentos, o tratamento T3 (75 % RDNPK + FYM (6 t ha^{-1}) +VC (1,5 t ha^{-1}) + Azatobactor (10 kg ha^{-1}) + PSB (10 kg ha^{-1}) registou a maior altura de planta (46,50 cm) e foi igual ao tratamento T2 (44.64 cm), enquanto a menor altura de planta foi registada no tratamento T8 (50 % RDNPK + FYM (12 t ha^{-1})) (32,07 cm) e foi comparável ao tratamento T7 (34,5 cm).

A maior altura de planta aos 25, 50 e 75 dias após a sementeira foi registada no tratamento T3 (75 % RDNPK + FYM (6 t ha^{-1}) +VC (1.5 t ha^{-1}) + Azatobactor (10 kg ha^{-1}) + PSB (10 kg ha^{-1})) deveu-se à disponibilidade imediata das quantidades necessárias de azoto, que, sendo um constituinte de aminoácidos, nucleótidos, ácidos nucleicos, um certo número de coenzimas, auxinas, citocinina e alcalóides, resultou num aumento do alongamento celular, do alargamento e da divisão celular. Além disso, a maior altura das plantas pode ser devida a certas substâncias promotoras de crescimento segregadas pelos biofertilizantes, ou seja, Azotobacter e bactérias solubilizadoras de fosfato, o que, por sua vez, pode ter levado a um melhor desenvolvimento das raízes, melhor transporte de água, absorção e deposição de nutrientes.

Os resultados estão de acordo com as conclusões de Singh et al. (2017) e Shanu et al. (2019) em cenoura e Dalmini et al. (2020) em raiz de beterraba.

Quadro 4.1.2. Efeito da gestão integrada de nutrientes na altura da planta (cm) em diferentes fases de crescimento da raiz de beterraba Cv. Crimson Globe.

Tratamentos (T)	**Altura da planta cm)**		
	25 DAS	**50 DAS**	**75 DAS**
Ti-75 % RDNPK + FYM (12 t ha^{-1}) + *Azatobactor* (10 kg ha^{1}) + PSB (10 kg ha^{-})^{1}	13.89^{cd}	28.7^{bcd}	37,$_{57cd}$
T_2 -75 % RDNPK + VC (3 t ha^{-1}) + *Azatobactor* (10 kg ha^{1}) + PSB (10kg ha^{-})^{1}	15.73^{ab}	30.7^{bc}	44,$_{64ab}$
T3-75 % RDNPK + FYM (6 t ha^{1}) +VC (1,5 t ha^{-1}) + *Azatobactor* (10 kg ha^{1}) + PSB (10 kg ha)^{1}	16.65^{a}	35.0^{a}	46.$_{50a}$
T_4 -50 % RDNPK + FYM (12 t ha^{1}) + *Azatobactor* (10 kg ha^{1}) + PSB (10 kg ha)$^{-1}$	12.49^{de}	26.6^{de}	37,$_{80cd}$
T_5 -50 % RDNPK + VC (3 t ha^{1}) + *Azatobactor* (10 kg ha^{1}) + PSB (10 kg ha^{-})^{1}	14.92^{bc}	$27.6c^{de}$	40.$_{63bc}$
T6-50 % RDNPK+ FYM (6 t ha^{1}) + VC	15.23^{abc}	32.2^{ab}	40.$_{60bc}$

(1,5 t ha-1) + *Azatobactor* (10 kg ha1) + PSB (10 kg ha)1			
T7-75 % RDNPK + FYM (12 t ha-)1	11.85e	24.9e	34,53de
T8 -50 % RDNPK + FYM (12 t ha)1	10.19f	19.9f	32.07e
SE (m) ±	0.48	1.19	1.73
CD a 5 %	1.45	3.62	5.25

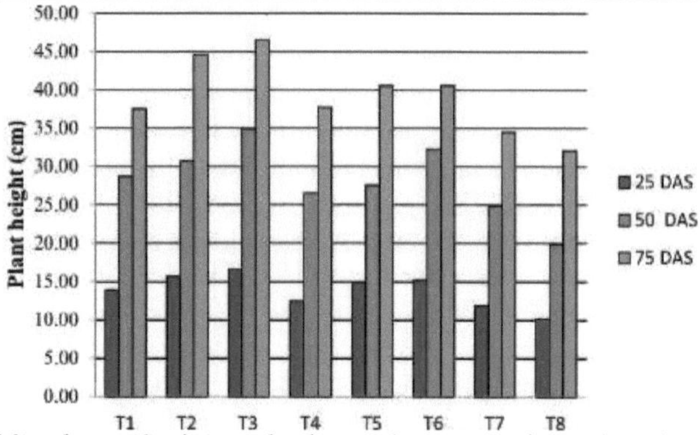

Fig.4.1.2 Efeito da gestão integrada de nutrientes na altura das plantas (cm) em diferentes fases de crescimento da raiz de beterraba Cv. Crimson Globe.

Nota: T1-75 % RDNPK + FYM (12 t ha^{-1}) + Azatobactor (10 kg ha^{-1}) + PSB (10 kg ha^{-1}), T2-75 % RDNPK + VC (3 t ha^{-1})+ Azatobactor (10 kg ha^{-1}) + PSB (10kg ha^{-1}), T3 -75 % RDNPK + FYM (6 t ha^{-1}) +VC (1.5 t ha^{-1}) + Azatobactor (10 kg ha^{-1}) + PSB (10 kg ha^{-1}), T4-50 % RDNPK + FYM (12 t ha^{-1}) + Azotobactor (10 kg ha^{-1}) + PSB (10 kg ha^{-1}), T5 -50 % RDNPK + VC (3 t ha^{-1} *) + Azatobactor* (10 kg ha^{-1}) + PSB (10 kg ha^{-1}), T6 -50 % RDNPK+ FYM (6 t ha^{-1}) + VC (1.5 t ha^{-1}) + *Azatobactor* (10 kg ha^{-1}) + PSB (10 kg ha^{-1}), T7 -75 % RDNPK + FYM (12 t ha^{-1}), T8 - 50 % RDNPK + FYM (12 t ha^{-1}

Placa 2: Maior altura de planta no tratamento T3 (75 % RDNPK+ FYM (6 t ha^{-1}) +VC (1,5 t ha^{-1} + Azatobactor (10 kg ha^{-1}) + PSB (10 kg ha^{-1}))

4.1.3 Número de folhas por planta

Os dados registados sobre o número de folhas por planta, afectados pelos tratamentos de gestão integrada de nutrientes aos 25, 50 e 75 dias após a sementeira, são apresentados no quadro 4.1.3.

AT 25 DAS

Todos os tratamentos de gestão integrada de nutrientes tiveram uma influência significativa no número de folhas por planta aos 25 DAS. Registou-se um maior número de folhas por planta no tratamento T3 (75 % RDNPK + FYM (6 t ha^{-1}) +VC (1.5 t ha^{-1}) + Azatobactor (10 kg ha^{-1}) + PSB (10 kg ha^{-1})) (9.33) e foi comparável com o tratamento $_{T2}$ (8.53), enquanto que se registou um número significativamente menor de folhas no tratamento T8 (50 % RDNPK + FYM (12 t ha^{-1})) (6.17).

AT 50 DAS

Foi observada uma diferença significativa devido aos tratamentos de gestão integrada de nutrientes neste parâmetro aos 50 DAS. Entre os tratamentos, o tratamento T3 (75 % RDNPK + FYM (6 t ha^{-1}) +VC (1,5 t ha^{-1}) + Azatobactor (10 kg ha^{-1}) + PSB (10 kg ha^{-1}) registou o valor mais elevado (19,12) e foi igual ao tratamento T6 (18,40), tratamento T2 (17.99), T1 (17,83) e T5 (17,67), enquanto o menor número de folhas foi registado no tratamento T8 (50 % RDNPK + FYM (12 t ha^{-1})) (13,62) e foi comparável ao tratamento T7 (15,45) e T4 (15,41).

AT 75 DAS

Todos os tratamentos de gestão integrada de nutrientes diferiram significativamente devido ao número de folhas por planta aos 75 DAS. O valor máximo foi registado no tratamento T3 (75 % RDNPK + FYM (6 t ha^{-1}) + vermicomposto (1,5 t ha^{-1}) + Azatobactor (10 kg ha^{-1}) + PSB (10 kg ha^{-1}) (22,54) e foi igual ao tratamento T6 (21,30), tratamento T5 (19.01), tratamento T2 (18.97), tratamento T1 (18.64), enquanto que o valor mínimo foi registado no tratamento T8 (50 % RDNPK + FYM (12 t ha^{-1})) (17.65) e foi comparável ao tratamento T7 (18.24) e ao tratamento T4

Tabela 4.1.3. Efeito da gestão integrada de nutrientes no número de folhas por planta em diferentes fases de crescimento de raiz de beterraba Cv. Crimson glo ser

Tratamentos (T)	Número de folhas por planta		
	25 DAS	50 DAS	75 DAS
Ti-75 % RDNPK + FYM (12 t ha^{-1}) + *Azatobactor* (10 kg ha1) + PSB (10 kg ha)1	8.37 b	17.8 3^	18.6 4a
T_2 -75 % RDNPK + VC (3 t ha1) + *Azatobactor* (10 kg ha1) + PSB (10kg ha)1	8.53 ab	17.9 9a	18.9 7a
T3-75 % RDNPK + FYM (6 t ha1) +VC (1,5 t ha1) + *Azatobactor* (10 kg ha1) + PSB (10 kg ha)1	9.33 a	19.1 2a	22.5 4a
T_4 -50 % RDNPK + FYM (12 t ha1) + *Azatobactor* (10 kg ha1) + PSB (10 kg ha)1	8.03 ser	15,4 1b	18.3 0b
T_5 -50 % RDNPK + VC (3 t ha1) + *Azatobactor* (10 kg ha1) + PSB (10 kg ha)1	8.33 ser	17.6 7a	19.0 1a
T_6 -50 % RDNPK+ FYM (6 t ha1) + VC (1,5 t ha1) + *Azatobactor* (10 kg ha1) + PSB (10 kg ha)1	8.07 ser	18.4 0a	21.3 0a
T7-75 % RDNPK + FYM (12 t ha-)1	7.45 c	15.4 5b	18.2 4b
T_8 -50 % RDNPK + FYM (12 t ha)1	6.17 d	13.6 2b	17.6 5b
E (m) ±	0.29	0.62	0.60
D a 5%	0.89	1.89	1.82

Registou-se um maior número de folhas por planta em todas as fases de crescimento no tratamento T3 (75 % RDNPK + FYM (6 t ha^{-1}) +VC (1,5 t ha^{-1}) + Azatobactor (10 kg ha^{-1}) + PSB (10 kg ha^{-1}), o que se deveu ao fornecimento atempado de todos os nutrientes na rizosfera, resultando num maior número de folhas por planta. Além disso, pode ser devido ao facto de o mesmo tratamento ter registado a maior altura de planta em relação aos outros tratamentos.

Os resultados acima estão de acordo com as descobertas de Tovihoudji et al. (2015), que relataram que, devido ao maior efeito de solubilização e à disponibilidade imediata de nutrientes pela aplicação de adubo orgânico, resultaram em mais folhas por planta na malva-juta.
Estes resultados estão de acordo com os de Shanu et al. (2019) em cenoura e Dalmini et al. (2020) em raiz de beterraba.

4.1.4 Área foliar (cm)^2

Os dados relativos à área foliar aos 25, 50 e 75 dias após a sementeira, influenciados pelos tratamentos de gestão integrada de nutrientes, são apresentados no quadro 4.1.4.

AT 25 DAS

Foi observada uma diferença significativa entre os tratamentos de gestão integrada de nutrientes no que respeita à área foliar aos 25 DAS. Entre os tratamentos, o tratamento T3 (75 % RDNPK + FYM (6 t ha^{-1}) + Vermicomposto (1,5 t ha^{-1}) + Azatobactor (10 kg ha^{-1}) + PSB (10 kg ha^{-1})) registou a área foliar máxima (854,20 cm^2), seguido do tratamento T6 (815.40 cm^2), tratamento T2 (807.15 cm^2) e tratamento T5 (802.33 cm^2) e foram iguais entre si, enquanto que foi mínima no tratamento T8 (50 % RDNPK + FYM (12 t ha^{-1})) (520.58 cm^2) e foi comparável com o tratamento T7 (571.98 cm^2).

AT 50 DAS

Foi observada uma diferença significativa devido aos tratamentos de gestão integrada de nutrientes neste parâmetro aos 50 DAS. A área foliar mais elevada (938,38 cm^2) foi registada no tratamento T3 (75 % RDNPK + FYM (6 t ha^{-1}) + Vermicomposto (1,5 t ha^{-1}) + Azatobactor (10 kg ha^{-1}) + PSB (10 kg ha^{-1})) e foi comparável ao tratamento T6 (876.22 cm^2) e o tratamento T2 (867,86 cm^2), enquanto o tratamento T8 (50 % RDNPK + FYM (12 t ha^{-1})) registou o valor mais baixo (725,90 cm^2) e foi comparável ao tratamento T7 (754,16 cm^2).

AT 75 DAS

Todos os tratamentos de gestão integrada de nutrientes diferiram significativamente devido à área foliar aos 75 DAS. Entre os tratamentos, o tratamento T3 75 % RDNPK + FYM (6 t ha^{-1}) + Vermicomposto (1,5 t ha^{-1}) + Azatobactor (10 kg ha^{-1}) + PSB (10 kg ha^{-1}) registou a área foliar mais elevada (1350,16 cm^2), seguido do tratamento T2 (1272.61 cm^2), enquanto o tratamento T8 (50 % RDNPK + FYM (12 t ha^{-1})) registou o valor mais baixo (960,13 cm^2) e foi comparável ao tratamento T4 (1009,27 cm^2), ao tratamento T7 (1022,93 cm^2) e ao tratamento T5 (1061,84 cm^2).
A partir dos dados revela-se que a área foliar máxima aos 25, 50 e 75 dias após a sementeira foi registada no tratamento T3 75 % RDNPK + FYM (6 t ha^{-1}) + Vermicomposto (1,5 t ha^{-1}) + Azatobactor (10 kg ha^{-1}) + PSB (10 kg ha^{-1}) pode ser devido ao facto de o mesmo tratamento ter registado a maior altura de planta e um maior número de folhas por planta, resultando num comprimento e largura máximos da folha, o que levou a uma maior área foliar em todas as fases de crescimento.
Os resultados estão de acordo com a Food and Organisation (2008) e

afirmam que, quando o estrume de gado é utilizado regularmente como fertilizante, pode ajustar o rácio de nutrientes das plantas para estar mais de acordo com as necessidades das culturas, o que ajuda a melhorar o crescimento das culturas e é normalmente notado através do aumento do tamanho das folhas.

Resultados semelhantes foram também registados por Jaisankar (2018) em rabanete.

Quadro 4.1.4. Efeito da gestão integrada de nutrientes na área foliar (cm²) em diferentes fases de crescimento da raiz de beterraba Cv. Globo Carmesim

Tratamentos (T)	Folha	área (cm)²	
	25 DA S	50 DIAS	75 DIAS S
Ti-75 % RDNPK + FYM (12 t ha-i) + *Azatobacter* (10 kg ha-i) + PSB (10 kg ha-i)	763 ,62b	856. 54ь	107 1.23 a.c.
T2 -75 % RDNPK + VC (3 t ha1) + *Azatobacter* (10 kg ha1) + PSB (10kg ha)1	807 .15^ b	867. 86ab	127 2.61 a
T3-75 % RDNPK + FYM (6 t ha-1) +VC (1,5 t ha-1) + *Azatobactor* (10 kg ha1) + PSB (10 kg ha)1	854 .20^	938. 38a	135 0.16 a
T4 -50 % RDNPK + FYM (12 t ha1) + *Azatobactor* (10 kg ha1) + PSB (10 kg ha)1	680 ,54e	805. 66ba	100 9,27 cd
T5 -50 % RDNPK + VC (3 t ha1) + *Azatobactor* (10 kg ha1) + PSB (10 kg ha)1	802 .33^ b	856. 86b	106 1,84 bcd
T6 -50 % RDNPK+ FYM (6 t ha1) + VC (1,5 t ha1) + *Azatobactor* (10 kg ha1) + PSB (10 kg ha)1	815 .40 ba	876. 22ab	116 1.91 b
T7-75 % RDNPK + FYM (12 t ha-)1	571 ,98d	754. 16 "a	102 2,93 cd
T8 -50 % RDNPK + FYM (12 t ha)1	520 ,58d	725. 90d	960. 13d
SE (m) ±	21. 45	24.6 7	34.2 0
CD a 5 %	65. 06	74.8 3	103. 74

4.3.5 Índice de teor de clorofila

Os dados relativos ao índice de teor de clorofila aos 25, 50 e 75 dias após a sementeira, afectados pelos tratamentos de gestão integrada de nutrientes, são apresentados no quadro 4.1.5.

AT 25 DAS

O índice de teor de clorofila foi significativo em todos os tratamentos de gestão integrada de nutrientes aos 25 DAS. O valor máximo foi registado no tratamento T3 (75 % RDNPK + FYM (6 t ha^{-1}) +VC (1,5 t ha^{-1}) + Azatobactor (10 kg ha^{-1}) + PSB (10 kg ha^{-1})) (14.60) e foi igual ao tratamento T6 (13,56), enquanto foi mínimo no tratamento T8 (50 % RDNPK + FYM (12 t ha^{-1})) (8,38) e estatisticamente não significativo com o tratamento T4 (9,40)

AT 50 DAS

Os resultados devidos aos tratamentos de gestão integrada de nutrientes mostraram uma diferença significativa neste parâmetro aos 50 DAS. O índice de clorofila máximo foi registado no tratamento T3 (75 % RDNPK + FYM (6 t ha^{-1}) +VC (1,5 t ha^{-1}) + Azatobactor (10 kg ha^{-1}) + PSB (10 kg ha^{-1}) (18,36) e foi igual ao tratamento T2 (17,59) e ao tratamento T6 (17,13), enquanto que o mínimo foi registado no tratamento T8 (50 % RDNPK + FYM (12 t ha^{-1}) (11,52).

AT 75 DAS

Todos os tratamentos de gestão integrada de nutrientes diferiram significativamente devido ao índice de teor de clorofila aos 75 DAS. O valor máximo significativo foi registado no tratamento T3 (75 % RDNPK + FYM (6 t ha^{-1}) +Vermicomposto (1,5 t ha^{-1}) + Azatobactor (10 kg ha^{-1}) + PSB (10 kg ha^{-1})) (24.24) e foi comparável ao tratamento T2 (22,75) e ao tratamento T6 (22,64), enquanto foi mais baixo no tratamento T8 (50 % RDNPK + FYM (12 t ha^{-1}) (15,11) e foi comparável ao tratamento T7 (16,99) .

Os dados revelam que o índice máximo de teor de clorofila aos 25, 50 e 75 dias após a sementeira foi registado no tratamento T3 75 % RDNPK + FYM (6 t ha^{-1}) + Vermicomposto (1.5 t ha^{-1}) + Azatobactor (10 kg ha^{-1}) + PSB (10 kg h^{-1} a) pode ser devido à disponibilidade imediata de macro e micro nutrientes, particularmente azoto, que foi fornecido por FYM, vermicomposto e biofertilizantes e é um constituinte importante da clorofila.

Estes resultados estão de acordo com os de Gairola et al. (2009) em espinafres de beterraba.

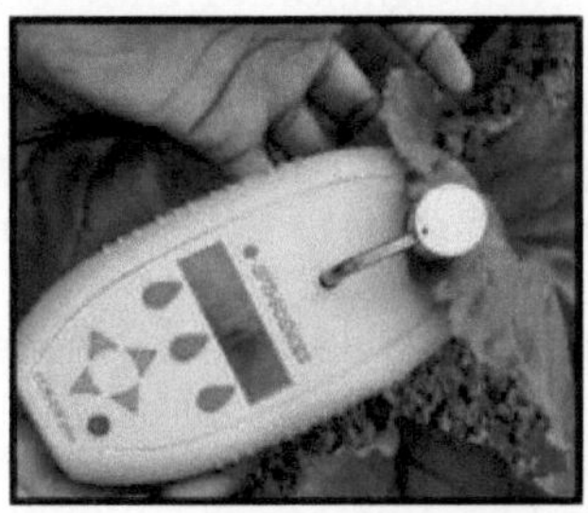

Placa 3: Índice máximo de teor de clorofila no tratamento T3 (75 % RDNPK+ FYM (6 t ha^{-1}) + VC (1,5 t ha^{-1}) + Azatobactor (10 kg ha^{-1}) + PSB (10 kg ha^{-1}))

Quadro 4.1.5. Efeito da gestão integrada de nutrientes em índice de teor de clorofila em diferentes fases de crescimento da raiz de beterraba Cv. Crimson Globe

Tratamentos (T)	**Índice de teor de clorofila**		
	25 DAS	**50 DAS**	**75 DAS**
Ti-75 % RDNPK + FYM (12 t ha^{-1}) + *Azatobactor* (10 kg ha^{-1}) + PSB (10 kg ha-)1	10.39^{e}	14.35^{e}	19.27b
T2-75 % RDNPK + VC (3 t ha^{-1}) + *Azatobactor* (10 kg ha1) + PSB (10kg ha)1	11.95^{b}	17.59^{ab}	22.75a

T3-75 % RDNPK + FYM (6 t ha1) +VC (1,5 t ha1) + *Azatobactor* (10 kg ha1) + PSB (10 kg ha)1	14.60a	18.36a	24.24a
T4 -50 % RDNPK + FYM (12 t ha-1) + *Azatobactor* (10 kg ha1) + PSB (10 kg ha)1	9.40cd	14.56c	19.92b
T5 -50 % RDNPK + VC (3 t ha1) + *Azatobactor* (10 kg ha1) + PSB (10 kg ha)1	U.61b	16.57b	20.46b
T6 -50 % RDNPK+ FYM (6 t ha1) + VC (1,5 t ha1) + *Azatobactor* (10 kg ha1) + PSB (10 kg ha)1	13.56a	17.13ab	22.64a
T7-75 % RDNPK + FYM (12 t ha-)1	9.79c	13.43c	16.99c
T8 -50 % RDNPK + FYM (12 t ha-)1	8.38d	11.52d	15.11c
SE (m) ±	0.35	0.45	0.64
CD a 5 %	1.08	1.36	1.95

4.2 Parâmetros de rendimento.

Os dados registados sobre os parâmetros de rendimento, nomeadamente o comprimento da raiz, o diâmetro da raiz, o rendimento da raiz por planta, o rendimento da raiz por parcela, o rendimento da raiz por hectare, a relação raiz/parte aérea e o índice de colheita por hectare são apresentados nos quadros 4.2.1 a 4.2.7.

4.2.1 Comprimento da raiz (cm)

O comprimento da raiz afetado pelos tratamentos de gestão integrada de nutrientes é apresentado no quadro 4.2.1.

Foi observada uma diferença significativa entre os tratamentos de gestão integrada de nutrientes neste parâmetro. O comprimento de raiz mais elevado (14,26 cm) foi registado no tratamento T3 (75 % RDNPK + FYM (6 t ha^{-1}) + Vermicomposto (1,5 t ha^{-1}) + Azatobactor (10 kg ha^{-1}) + PSB (10 kg ha^{-1}) e foi igual ao tratamento T6 (13.97 cm), enquanto o valor mais baixo foi registado no tratamento T8 (50 % RDNPK + FYM (12 t ha^{-1}) (8,60 cm), e foi comparável ao tratamento T4 (9,49 cm) e ao tratamento T7 (9,54 cm)

Os dados relativos ao comprimento da raiz foram registados como sendo mais elevados no tratamento T3 (75 % RDNPK + FYM (6 t ha^{-1}) +Vermicomposto (1,5 t ha^{-1}) + Azatobactor (10 kg ha^{-1}) + PSB (10 kg ha^{-1})) pode ser devido a um melhor crescimento da planta em todos os aspectos, resultando numa maior translocação de fotossintatos das folhas (fonte) para a raiz (sumidouro), o que levou a um aumento do comprimento da raiz. Resultados semelhantes também foram relatados por Mali et al. (2018) em rabanete, Ingole et al. (2018) e Dalmini et al (2020) em raiz de beterraba.

Quadro 4.2.1. Efeito da gestão integrada de nutrientes no comprimento da raiz (cm) e no diâmetro da raiz (cm) da beterraba Cv. Crimson Globe.

Tratamentos (T)	Comprimento da raiz (cm)	Diâmetro da raiz (cm)
Ti-75 % RDNPK + FYM (12 t ha-1) + *Azatobactor* (10 kg ha1) + PSB (10 kg ha)1	10.6cd	5.94cd

T2 -75 % RDNPK + VC (3 t ha1) + *Azatobactor* (10 kg ha1) + PSB (10kg ha)1	12.37b	6,82ab
T3-75 % RDNPK + FYM (6 t ha1) +VC (1,5 t ha~J) + *Azatobactor* (10 kg ha1) + PSB (10 kg ha)1	14.26a	7.44a
T4 -50 % RDNPK + FYM (12 t ha1) + *Azatobactor* (10 kg ha1) + PSB (10 kg ha)1	9.49de	5.31d
T6-50 % RDNPK + VC (3 t ha1) + *Azatobactor* (10 kg ha1) + PSB (10 kg ha)1	11.93bc	6.37bc
T6-50 % RDNPK+ FYM (6 t ha1) + VC (1,5 t ha- 4 + *Azatobactor* (10 kg ha1) + PSB (10 kg ha)1	13.97a	6,71abc
T7-75 % RDNPK + FYM (12 t ha-)1	9.54de	5.41d
Ts-50 % RDNPK + FYM (12 t ha)1	8.60e	4.43e
SE (m) ±	0.47	0.26
CD a 5 %	1.42	0.79

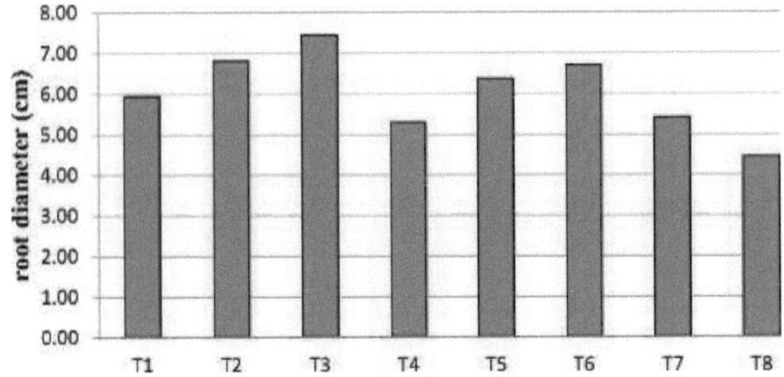

Fig 4.2.2. Efeito da gestão integrada de nutrientes no diâmetro radicular (cm) da raiz de beterraba Cv. Crimson Globe.

Nota: T1-75 % RDNPK + FYM (12 t ha^{-1}) + Azatobactor (10 kg ha^{-1}) + PSB (10 kg ha^{-1}), T2- 75 % RDNPK + VC (3 t ha^{-1})+ Azatobactor (10 kg ha^{-1}) + PSB (10kg ha^{-1}), T3 -75 % RDNPK + FYM (6 t ha^{-1}) +VC (1.5 t ha^{-1}) + Azatobactor (10 kg ha^{-1}) + PSB (10 kg ha^{-1}), T4-50 % RDNPK + FYM (12 t ha^{-1}) + Azotobactor (10 kg ha^{-1}) + PSB (10 kg ha^{-1}), T5 -50 % RDNPK + VC (3 t ha^{-1}) + Azatobactor (10 kg ha^{-1}) + PSB (10 kg ha^{-1}), T6 -50 % RDNPK+ FYM (6 t ha^{-1}) + VC (1.5 t ha^{-1}) + Azatobactor (10 kg ha^{-1}) + PSB (10 kg ha^{-1}), T7 -75 % RDNPK + FYM (12 t ha^{-1}), T8 - 50 % RDNPK + FYM (12 t ha^{-1}).

Placa 4: Maior comprimento de raiz no tratamento T3 (75 % RDNPK + FYM (6 t ha^{-1}) + VC (1,5 t ha^{-1}) + Azatobactor (10 kg ha^{-1}) + PSB (10 kg ha $)^{-1}$

4.2.2. Diâmetro da raiz (cm)

Os dados sobre o diâmetro da raiz influenciados pelos tratamentos de gestão integrada de nutrientes são ilustrados no quadro 4.2.1 e representados na fig. 4.2.2.

Todos os tratamentos tiveram uma influência significativa no diâmetro da raiz. Entre todos os tratamentos, o tratamento T3 (75 % RDNPK + FYM (6 t ha^{-1}) + VC (1,5 t ha^{-1}) + Azatobactor (10 kg ha^{-1}) + PSB (10 kg ha^{-1}) registou o diâmetro máximo da raiz (7.44 cm), seguido do tratamento T2 (6,82 cm) e do tratamento T6 (6,71 cm), e foram iguais entre si, enquanto que foi significativamente mínimo no tratamento T8 (50 % RDNPK + FYM (12 t ha^{-1}) (4,43 cm).

Os dados enunciados sobre o diâmetro da raiz revelaram que o tratamento T3 (75 % RDNPK + FYM (6 t ha^{-1}) + Vermicomposto (1,5 t ha^{-1}) + Azatobactor (10 kg ha^{-1}) + PSB (10 kg ha^{-1}) registou o diâmetro máximo da raiz, o que se deveu à mesma razão para o comprimento da raiz estudado.

Os resultados do presente estudo são comparáveis aos de Boru et al. (2007) em batata-doce, Jagadeesh et al. (2018) em raiz de beterraba.

Mujtaba et al. (2013) também relataram que, quando aplicados adubos orgânicos, de preferência FYM, a densidade aparente do solo diminuiu, consequentemente as raízes estenderam-se livremente e procuraram os nutrientes e a humidade disponíveis, o que resultou num aumento do diâmetro da raiz da batata.

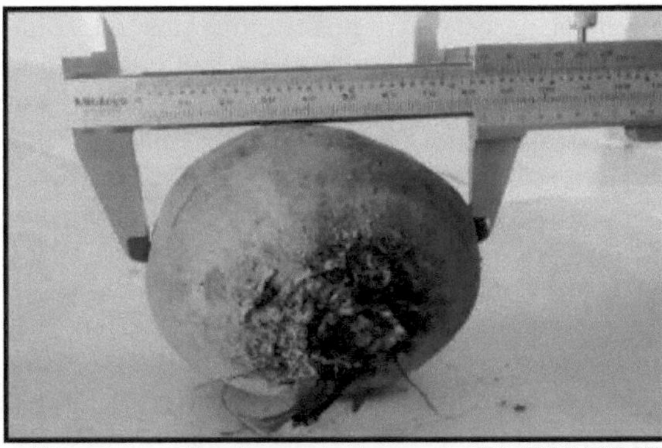

Placa 5: Maior diâmetro radicular no tratamento T3 (75 %RDNPK+ FYM (6 t ha^{-1}) + VC (1,5 t ha^{-1}) + Azatobactor (10 kg ha^{-1}) +PSB (10 kg ha^{-1}))

4.2.3 Produção de raízes (g planta $)^{-1}$

Os resultados relacionados com a produção de raízes por planta, influenciada pelos tratamentos de gestão integrada de nutrientes, são apresentados no quadro 4.2.2.

Foi observada uma diferença significativa entre os tratamentos de gestão integrada de nutrientes neste parâmetro. Observou-se que o valor mais alto foi registado no tratamento T3 (75 % RDNPK + FYM (6 t ha^{-1}) + VC (1,5 t ha^{-1}) + Azatobactor (10 kg ha^{-1}) + PSB (10 kg ha^{-1})) (175 g $planta^{-1}$) e foi igual ao tratamento T6 (173.06 g $planta^{-1}$) e T2 (162.34 g $planta^{-1}$) enquanto que foi significativamente mínimo no tratamento T8 (50 % RDNPK + FYM (12 t ha^{-1})) (104.71 g $planta^{-1}$).

Placa 6: Maior peso da raiz no tratamento T3 (75 % RDNPK+ FYM (6 t ha^{-1}) + VC (1,5 t ha^{-1}) + Azatobactor (10 kg ha^{-1}) + PSB (10 kg ha^{-1}))

4.2.4 Produção de raízes (kg parcela $)^{-1}$

Os resultados relativos à produção de raízes por parcela, afectados pelos tratamentos de gestão integrada de nutrientes, são apresentados no quadro 4.2.2.

Todos os tratamentos diferiram significativamente no que respeita à produção de raízes por parcela. Entre os tratamentos, o tratamento T3 (75 % RDNPK + FYM (6 t ha^{-1}) + VC (1,5 t ha^{-1}) + Azatobactor (10 kg ha^{-1}) + PSB (10 kg ha^{-1})) registou o valor mais elevado (7,70 kg $parcela^{-1}$) e foi comparável com o tratamento T6 (7.35 kg $parcela^{-1}$), enquanto que foi mínimo no tratamento T8 (50 % RDNPK + FYM (12 t ha^{-1}) (4,39 kg $parcela^{-1}$) e foi estatisticamente não significativo com o tratamento T7 (4,94 kg $parcela^{-1}$).

4.2.5 Rendimento de raízes (t ha $)^{-1}$

O efeito dos tratamentos de gestão integrada dos nutrientes no rendimento radicular por hectare é apresentado no quadro 4.2.2 e na figura 4.2.5

Foi observada uma diferença significativa entre os tratamentos neste parâmetro. O rendimento máximo de raízes por hectare foi registado no tratamento T3 (75 % RDNPK + FYM (6 t ha^{-1}) + VC (1,5 t ha^{-1}) + Azatobactor (10 kg ha^{-1}) + PSB (10 kg ha^{-1}), (19,16 t ha^{-1}) seguido do tratamento T6 (18,41 t ha^{-1}) e foram estatisticamente

Quadro 4.2.2. Efeito da gestão integrada de nutrientes no rendimento radicular (g $planta^{-1}$), rendimento radicular (kg $parcela^{-1}$) e rendimento radicular (t ha^{-1}) da raiz de beterraba Cv. Crimson Globe.

Tratamentos (T)	**Produção de raízes (g planta*)¹**	**Rendimento de raízes (kg parcela - 4**	**Rendimento de raízes (t ha)-1**
Ti-75 % RDNPK + FYM (12 t ha^{-1}) + *Azatobactor* (10 kg ha^{1}) + PSB (10 kg ha $)^{-1}$	144.86^{e}	6.29^{e}	15.75^{de}
T_2 -75 % RDNPK + VC (3 t ha^{-1}) + *Azatobactor* (10 kg ha^{1}) + PSB (10kg ha $)^{-1}$	162.34^{ab}	7.13^{b}	17.54^{bc}
T3-75 % RDNPK + FYM (6 t ha^{1}) +VC (1,5 t ha^{-1}) + *Azatobactor* (10 kg ha^{-1}) + PSB (10 kg ha $)^{1}$	175.00^{a}	7.70^{a}	19.16^{a}
T_4 -50 % RDNPK + FYM (12 t ha^{1}) + *Azatobactor* (10 kg ha^{1}) + PSB (10 kg ha $)^{-1}$	146.13^{e}	5.73^{d}	14.33^{ef}
	154.95^{bc}	6.35^{c}	$15,90^{cd}$
T6-50 % RDNPK + VC (3 t ha^{1}) + *Azatobactor* (10 kg ha^{1}) + PSB (10 kg ha $)^{-1}$			
T6-50 % RDNPK+ FYM (6 t ha^{1}) + VC (1,5 t ha^{-1}) + *Azatobactor* (10 kg ha^{-1}) + PSB (10 kg ha $)^{1}$	173.06^{a}	7.35^{ab}	$18,41^{ab}$
T_7 -75 % RDNPK + FYM (12 t ha- $)^{1}$	128.20^{d}	4.94^{e}	$11,60^{gf}$
T_8 -50 % RDNPK + FYM (12 t ha $)^{1}$	104.71^{e}	4.39^{e}	10.31^{g}
SE (m) ±	4.43	0.18	0.49

CD a 5 %	13.43	0.55	1.47

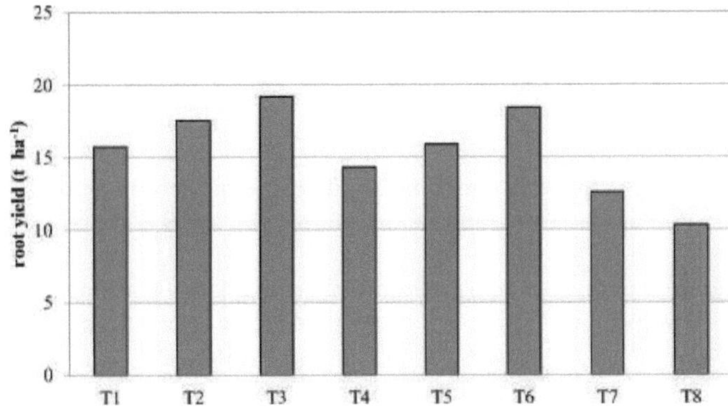

Fig 4.2.5 Efeito da gestão integrada de nutrientes no rendimento radicular (t ha^{-1}) da raiz de beterraba Cv. Crimson Globe.

Nota: T1-75 % RDNPK + FYM (12 t ha^{-1}) + Azatobactor (10 kg ha^{-1}) + PSB (10 kg ha^{-1}), T2- 75 % RDNPK + VC (3 t ha^{-1})+ Azatobactor (10 kg ha^{-1}) + PSB (10kg ha^{-1}), T3 -75 % RDNPK + FYM (6 t ha^{-1}) +VC (1.5 t ha^{-1}) + Azatobactor (10 kg ha^{-1}) + PSB (10 kg ha^{-1}), T4-50 % RDNPK + FYM (12 t ha^{-1}) + Azotobactor (10 kg ha^{-1}) + PSB (10 kg ha^{-1}), T5 -50 % RDNPK + VC (3 t ha^{-1}) + Azatobactor (10 kg ha^{-1}) + PSB (10 kg ha^{-1}), T6 -50 % RDNPK+ FYM (6 t ha-1) + VC (1.5 t ha^{-1}) + Azatobactor (10 kg ha^{-1}) + PSB (10 kg ha^{-1}), T7 -75 % RDNPK + FYM (12 t ha^{-1}), T8 - 50 % RDNPK + FYM (12 t ha $)^{-1}$

não significativo entre si, enquanto foi mínimo no tratamento T8 (50 % RDNPK + FYM (12 t ha^{-1}) (10,31 t ha^{-1}) e foi igual ao tratamento T7 (11,60 t ha^{-1}).

As observações do quadro 4.2.2 confirmam que o tratamento T3 (75 % RDNPK +FYM (6 t ha^{-1}) + VC (1,5 t ha^{-1}) + Azatobactor (10 kg ha^{-1}) + PSB (10 kg ha^{-1}), registou o maior rendimento em todos os parâmetros radiculares, o que se deveu ao comprimento e diâmetro máximos das raízes registados no presente estudo em relação aos outros tratamentos.

A presente investigação foi consistente com outros relatórios de Pathak et al. (2018) e Monika et al. (2018) em rabanete.

4.2.6. Rácio raiz/parte aérea

Os dados sobre a relação raiz/parte aérea influenciada pelos tratamentos de gestão integrada de nutrientes são apresentados no quadro 4.2.3 e representados na figura 4.2.6.

O rácio raiz/parte aérea mais elevado foi registado no tratamento T3 (75 % RDNPK + FYM (6 t ha^{-1}) + VC (1,5 t ha^{-1}) + Azatobactor (10 kg ha^{-1}) + PSB (10 kg ha^{-1})) (4,00), seguido do tratamento T5 (3.41) e foram comparáveis entre si, enquanto o mínimo mais baixo foi registado no tratamento T8 (50% RDNPK + FYM (12 t ha^{-1}) (1,78) e foi igual ao tratamento T7 (2,24).

O rácio raiz/parte aérea mais elevado foi registado no tratamento T3 (75 % RDNPK + FYM (6 t ha^{-1}) + VC (1,5 t ha^{-1}) + Azatobactor (10 kg ha^{-1}) + PSB (10 kg ha^{-1})) que pode ser devido à produção máxima de raízes deste tratamento em comparação com outros tratamentos.
Resultados semelhantes foram também registados por Jabeen et al. (2018) em espinafres.

4.2.7. Índice de colheita

Os resultados relacionados com o índice de colheita afetado pelos tratamentos de gestão integrada de nutrientes são apresentados no quadro 4.2.3

O valor significativamente mais elevado foi registado no tratamento T3 (75 % RDNPK + FYM (6 t ha^{-1}) + VC (1,5 t ha^{-1}) + Azatobactor (10 kg ha^{-1}) + PSB (10 kg ha $)^{-1}$

Quadro 4.2.3. Efeito da gestão integrada de nutrientes na relação raiz/parte aérea e no índice de colheita da raiz de beterraba Cv. Crimson Globe

Tratamentos (T)	**Rácio raiz/parte aérea**	**Índice de colheita**
Ti-75 % RDNPK + FYM (12 t ha^{1}) + *Azatobactor* (10 kg ha^{1}) + PSB (10 kg ha $)^{1}$	2.71^{cd}	0,74cd
T_2 -75 % RDNPK + VC (3 t ha^{1}) + *Azatobactor* (10 kg ha^{1}) + PSB (10kg ha $)^{1}$	3.58^{bc}	0,81bc
T3-75 % RDNPK + FYM (6 t ha^{-1}) +VC (1,5 t ha^{-1}) + *Azatobactor* (10 kg ha^{1}) + PSB (10 kg ha $)^{1}$	4.00^{a}	0.92a
T_4 -50 % RDNPK + FYM (12 t ha^{1}) + *Azatobactor* (10 kg ha^{1}) + PSB (10 kg ha $)^{1}$	2.47^{d}	0,71de
T_5 -50 % RDNPK + VC (3 t ha^{1}) + *Azatobactor* (10 kg ha^{1}) + PSB (10 kg ha $)^{1}$	3.41^{ab}	0,76cd
Tб-50 % RDNPK+ FYM (6 t ha^{1}) + VC (1,5 t ha^{1}) + *Azatobactor* (10 kg ha^{1}) + PSB (10 kg ha $)^{1}$	3.27^{bc}	0.85b
T7-75 % RDNPK + FYM (12 t ha- $)^{1}$	2.24^{de}	0.73^{d}
Ts-50 % RDNPK + FYM (12 t ha $)^{1}$	1.78e	0.65e
SE (m) ±	0.22	0.02
CD a 5 %	0.68	0.07

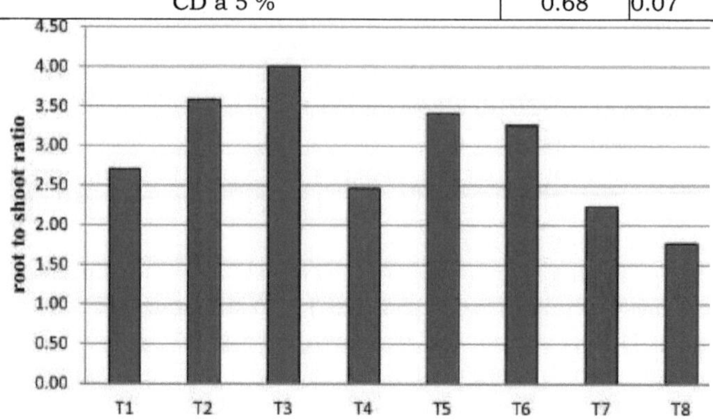

Fig 4.2.6. Efeito da gestão integrada de nutrientes na relação raiz/parte aérea em diferentes fases de crescimento da raiz de beterraba Cv. Crimson Globe.

Nota: T1-75 % RDNPK + FYM (12 t ha^{-1}) + Azatobactor (10 kg ha^{-1}) + PSB (10 kg ha^{-1}), T2-75 % RDNPK + VC (3 t ha^{-1}) + Azatobactor (10 kg ha^{-1}) + PSB (10 kg ha^{-1}), T3 -75 % RDNPK + FYM (6 t ha^{-1}) +VC (1.5 t ha^{-1}) + Azatobactor (10 kg ha^{-1}) + PSB (10 kg ha^{-1}), T4-50 % RDNPK + FYM (12 t ha^{-1}) + Azotobactor (10 kg ha^{-1}) + PSB (10 kg ha^{-1}), T5 -50 % RDNPK + VC (3 t ha^{-1}) + Azatobactor (10 kg ha^{-1}) + PSB (10 kg ha^{-1}), T6 -50 % RDNPK+ FYM (6 t ha^{-1}) + VC (1.5 t ha^{-1}) + *Azatobactor* (10 kg ha^{-1}) + PSB (10 kg ha^{-1}), T7 -75 % RDNPK + FYM (12 t ha^{-1}), T8 - 50 % RDNPK + FYM (12 t ha^{-1}).

(0,92), enquanto que foi significativamente mínimo no tratamento T8 (50 % RDNPK + FYM (12 t ha^{-1}) (0,65).

A partir dos dados, é evidente que o valor mais elevado do índice de colheita foi registado no tratamento T3 (75 % RDNPK + FYM (6 t ha^{-1}) + VC (1,5 t ha^{-1}) + *Azatobactor* (10 kg ha^{-1}) + PSB (10 kg ha^{-1}) devido a uma melhor partição da substância fotossintética para o rendimento económico.

Os presentes resultados são comparáveis aos de Jagadeesh et al. (2018) na raiz de beterraba.

4.3 PARÂMETROS DE QUALIDADE

Os dados registados sobre os parâmetros de qualidade, nomeadamente o teor de ácido ascórbico, o teor de betanina e os sólidos solúveis totais, são apresentados nos quadros 4.3.1 e 4.3.2.

4.3.1 Teor de ácido ascórbico (mg 100 g)$^{-1}$

Os dados relativos ao teor de ácido ascórbico influenciado pelos tratamentos de gestão integrada de nutrientes são apresentados no quadro 4.3.1 e representados na figura 4.3.1.

Foi observada uma diferença significativa entre os tratamentos de gestão integrada de nutrientes no que respeita ao teor de ácido ascórbico. Entre os tratamentos, o tratamento T3 (75 % RDNPK +FYM (6 t ha^{-1}) + VC (1,5 t ha^{-1}) + Azatobactor (10 kg ha^{-1}) + PSB (10 kg ha^{-1}) registou um valor significativamente máximo (3,4 mg 100 g^{-1}) e foi comparável ao tratamento T2 (3.2 mg 100 g^{-1}), enquanto que o tratamento T8 50 % RDNPK + FYM (12 t ha^{-1}) registou o valor mínimo (2,1 mg 100 g^{-1}) e foi comparável ao tratamento T7 (2,4 mg 100 g^{-1}), tratamento T1 (2,4 mg 100 g^{-1}) tratamento T4 (2,2 mg 100 g^{-1}) e tratamento T5 (2,2 mg 100 g^{-1}).

O teor mais elevado de ácido ascórbico foi registado no tratamento T3 (75 % RDNPK +FYM (6 t ha^{-1}) + VC (1,5 t ha^{-1}) + Azatobactor (10 kg ha^{-1}) + PSB (10 kg ha^{-1}), o que se deveu a uma maior produção de hidratos de carbono, consequentemente um maior teor de vitamina C sintetizada.

Resultados semelhantes também foram relatados por Meena et al. (2014) em tomate, que relataram que a aplicação de biofertilizantes juntamente com vermicomposto aumentou a fixação de nitrogénio atmosférico, resultou em mais produção de hidratos de carbono levou a um maior teor de ácido ascórbico.

A presente investigação foi inconsistente com outros relatórios de Kushwah et al. (2019) em rabanete.

4.3.2 Teor de betanina (mg 100 g $)^{-1}$

Os resultados relativos ao teor de betanina afetado pelos tratamentos de gestão integrada de nutrientes são apresentados no quadro 4.3.1

Todos os tratamentos diferiram significativamente devido ao teor de betanina. O valor mais elevado foi registado no tratamento T3 (75 % RDNPK +FYM (6 t ha^{-1}) + Vermicomposto (1,5 t ha^{-1}) + Azatobactor (10 kg ha^{-1}) + PSB (10 kg ha^{-1}) (1,92 mg $100g^{-1}$), seguido do tratamento T6 (1.84 mg 100 g^{-1}), tratamento T_2 (1,83 mg $100g^{-1}$) e tratamento T5 (1,77 mg 100 g^{-1}) e foram estatisticamente não significativos entre si, enquanto foi mais baixo no tratamento T8 50 % RDNPK + FYM (12 t ha $)^{-1}$

Quadro 4.3.1. Efeito da gestão integrada de nutrientes no teor de ácido ascórbico (mg 100 g^{-1}) no teor de betanina (mg 100 g^{-1}) e nos sólidos solúveis totais (^{0} brix) da raiz de beterraba Cv. Crimson Globe

Tratamentos (T)	Teor de ácido ascórbico (mg 100 g 4	Teor de betanina (mg 100 g 4	Total de soluções (Obrix)
Ti-75 % RDNPK + FYM (12 t ha-1) + *Azatobactor* (10 kg ha1) + PSB (10 kg ha)1	2.4^{e}	1.72^{be}	7.4 0c
T_2 -75 % RDNPK + VC (3 t ha1) + *Azatobactor* (10 kg ha1) + PSB (10kg ha)1	3.2^{ab}	1.83^{ab}	8.4 7ab
T_3-75 % RDNPK + FYM (6 t ha-1) +VC (1,5 t ha1) + *Azatobactor* (10 kg ha1) + PSB (10 kg ha)-1	3.4^{a}	1.92^{a}	9.1 7a
T_4 -50 % RDNPK + FYM (12 t ha1) + *Azatobactor* (10 kg ha1) + PSB (10 kg ha)1	2.2^{e}	1.68^{bc}	7.1 1c
T6-50 % RDNPK + VC (3 t ha1) + *Azatobactor* (10 kg ha1) + PSB (10 kg ha)1	2.2^{e}	1.77^{ab}	8.1 3^{b}
T6-50 % RDNPK+ FYM (6 t ha1) + VC (1,5 t ha1) + *Azatobactor* (10 kg ha1) + PSB (10 kg ha)-1	3.1^{b}	1.84^{ab}	8.7 0^{ab}
T7-75 % RDNPK + FYM (12 t ha-)1	2.4^{e}	1.68^{bc}	6.7 4cd
T_8 -50 % RDNPK + FYM (12 t ha)1	2.1^{c}	1.58^{e}	6.3 1d
SE (m) ±	0.11	0.24	0.2 4
CD a 5 %	0.32	0.71	0.7 1

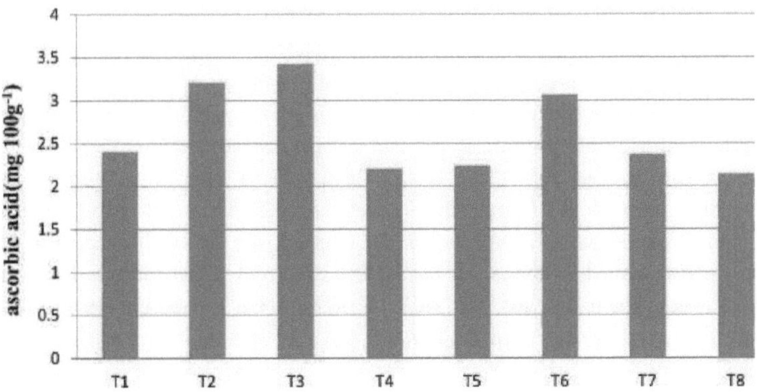

Fig:4.3.1 Efeito da gestão integrada de nutrientes no ácido ascórbico (mg 100 g^{-1}) da raiz de beterraba Cv. Crimson Globe.

Nota: T1-75 % RDNPK + FYM (12 t ha^{-1}) + Azatobactor (10 kg ha^{-1}) + PSB (10 kg ha^{-1}), T2-75 % RDNPK + VC (3t ha^{-1})+ Azatobactor (10 kg ha^{-1}) + PSB (10kg ha^{-1}), T3 -75 % RDNPK + FYM (6 t ha^{-1}) +VC (1.5 t ha^{-1}) + Azatobactor (10 kg ha^{-1}) + PSB (10 kg ha^{-1}), T4-50 % RDNPK + FYM (12 t ha^{-1}) + Azotobactor (10 kg ha^{-1}) + PSB (10 kg ha^{-1}), T5 -50 % RDNPK + VC (3 t ha^{-1}) + Azatobactor (10 kg ha^{-1}) + PSB (10 kg ha^{-1}), T6 -50 % RDNPK+ FYM (6 t ha^{-1}) + VC (1.5 t ha^{-1}) + Azatobactor (10 kg ha^{-1}) + PSB (10 kg ha^{-1}), T7 -75 % RDNPK + FYM (12 t ha^{-1}), T8 - 50 % RDNPK + FYM (12 t ha^{-1}).

(1,58 mg 100 g^{-1}) e foi igual ao tratamento T1 (1,72 mg 100 g^{-1}) e ao tratamento T7 (1,68 mg 100 g).$^{-1}$

Os dados enunciados sobre o teor de betanina revelaram que o tratamento T3 (75 % RDNPK +FYM (6 t ha^{-1}) + Vermicomposto (1,5 t ha^{-1}) + Azatobactor (10 kg ha^{-1}) + PSB (10 kg ha^{-1}) registou o valor mais elevado, o que se deveu à acumulação de mais substâncias de reserva na porção da raiz.

As presentes investigações foram inconsistentes com outros relatórios de Felczynski e Elkner (2008) em beterraba vermelha.

4.3.3 Sólidos solúveis totais (^{0} Brix)

Os dados registados sobre os sólidos solúveis totais influenciados pelos tratamentos de gestão integrada dos nutrientes são apresentados no quadro 4.3.1

Foi observada uma diferença significativa entre os tratamentos neste parâmetro. O valor máximo foi registado no tratamento T3 (75 % RDNPK +FYM (6 t ha^{-1}) + VC (1,5 t ha^{-1}) + Azatobactor (10 kg ha^{-1}) + PSB (10 kg ha^{-1}) (9,17° Brix) e foi igual ao tratamento T6 (8.70° Brix) e T2 (8.47° Brix), enquanto que o valor mínimo foi registado no tratamento T8 50 % RDNPK + FYM (12 t ha^{-1}) (6.31° Brix) e foi comparável ao tratamento T7 (6.74° Brix).

A partir dos dados, é evidente que o tratamento T3 (75 % RDNPK +FYM (6 t ha^{-1}) + VC (1,5 t ha^{-1}) + Azatobactor (10 kg ha^{-1}) + PSB (10 kg ha^{-1}), registou o valor máximo de SST, o que pode dever-se à mesma razão estudada para o parâmetro do teor de betanina. Os resultados actuais são comparáveis aos de Sunandarani e Mallareddy (2007) em cenoura.

4.4 ANÁLISE DO COEFICIENTE DE CORRELAÇÃO

Todas as correlações são significativas ao nível de um por cento.

4.4.1 Número de dias necessários para 80 % de germinação

O número de dias necessários para 80 % de germinação observou correlação negativa e significativa com a altura da planta aos 25 DAS (-0,609 cm), altura da planta aos 50 DAS (-0,719 cm), altura da planta aos 75 DAS (-0,653 cm), número de folhas por planta aos 25 DAS (-0,595), número de folhas por planta aos 50 DAS (-0.533), número de folhas por planta aos 75 DAS (-0,498), área foliar aos 25 DAS (-0,610 cm^2), área foliar aos 50 DAS (-0,660 cm^2), área foliar aos 75 DAS (-0,602 cm^2), índice de clorofila aos 25 DAS (0,606), índice de clorofila aos 50 DAS (-0,664), índice de clorofila aos 75 DAS (-0,692), comprimento da raiz (-0,597 cm), diâmetro da raiz (-0.571 cm), produção de raízes por planta (-0,715 g), produção de raízes por parcela (-0,748 kg), produção de raízes por hectare (-0,750 t), relação raiz/parte aérea (-0,492), índice de colheita (-0,544), TSS (-0.654^0 Brix), teor de ácido ascórbico (-0,561 mg 100 g^{-1}), teor de betanina (-0,603 mg 100 g^{-1}), teor de azoto, fósforo e potássio no solo após a colheita da cultura (-0.688 kg ha^{-1} , -0,536 kg ha^{-1} , -0,614 kg ha^{-1} respetivamente), carbono orgânico no solo após a colheita da cultura (-0,662 %), enquanto correlação positiva e significativa com pH no solo após a colheita da cultura (0,630) e CE no solo após a colheita da cultura (0,633 dS mol^{-1}).

4.4.2 Altura da planta (cm)

4.4.2. 1 Altura da planta (cm) aos 25 DAS

A altura da planta aos 25 DAS apresentou correlação positiva e significativa com a altura da planta aos 50 DAS (0,915 cm), altura da planta aos 75 DAS (0,801 cm), número de folhas por planta aos 25 DAS (0,768), número de folhas por planta aos 50 DAS (0,883), número de folhas por planta aos 75 DAS (0,620), área foliar aos 25 DAS (0,867 cm^2), área foliar aos 50 DAS (0.780 cm^2), área foliar aos 75 DAS (0.841cm^2), índice de teor de clorofila aos 25 DAS (0.862), índice de teor de clorofila aos 50 DAS (0.890), índice de teor de clorofila aos 75 DAS (0.901), comprimento da raiz (0.838 cm), diâmetro da raiz (0,904 cm), produção de raízes por planta (0,842 g), produção de raízes por parcela (0,873 kg), produção de raízes por hectare (0,880 t), relação raiz/parte aérea (0,906), índice de colheita

(0,856), TSS (0,853^0 Brix), teor de ácido ascórbico (0,766 mg 100 g^{-1}), teor de betanina (0,827 mg 100 g^{-1}), teor de azoto, fósforo e potássio no solo após a colheita da cultura (0,879 kg ha^{-1} , 0,877 kg ha^{-1} , 0,790 kg ha^{-1} respetivamente), carbono orgânico no solo após a colheita da cultura (0.866 %), enquanto uma correlação negativa e significativa foi observada com o número de dias necessários para 80 % de germinação (-0,609 dias), pH no solo após a colheita da cultura (0,850) e CE no solo após a colheita da cultura (-0,891 dS mol^{-1}).

4.4.2.2 Altura da planta (cm) aos 50 DAS

A altura da planta aos 50 DAS mostrou que existe uma correlação positiva e significativa com a altura da planta aos 25 DAS (0,915 cm), altura da planta aos 75 DAS (0,715 cm), número de folhas por planta aos 25 DAS (0,759), número de folhas por planta aos 50 DAS (0,919), número de folhas por planta aos 75 DAS (0,717), área foliar aos 25 DAS (0.784 cm^2), área foliar aos 50 DAS (0.808 cm^2), área foliar aos 75 DAS (0.806 cm^2), índice de clorofila aos 25 DAS (0.870), índice de clorofila aos 50 DAS (0.816), índice de clorofila aos 75 DAS (0.866), comprimento da raiz (0.816 cm), diâmetro da raiz (0.830 cm), rendimento da raiz por planta (0.869 g), rendimento da raiz por parcela (0.864 kg), produção de raízes por hectare (0,881 t), relação raiz/parte aérea (0,813), índice de colheita (0,883), TSS (0,845^0 Brix), teor de ácido ascórbico (0,799 mg 100 g^{-1}), teor de betanina (0,814 mg 100 g^{-1}), teor de azoto, fósforo e potássio no solo após a colheita da cultura (0,828 kg ha^{-1} , 0,841 kg ha^{-1} , 0.786 kg ha^{-1} respetivamente), carbono orgânico no solo após a colheita da cultura (0,870 %), enquanto uma correlação negativa e significativa foi observada com o número de dias necessários para 80 % de germinação (-0,719 dias), pH no solo após a colheita da cultura (-0,783) e CE no solo após a colheita da cultura (-0,847 dS mol^{-1}).

4.4.2.3 Altura da planta (cm) aos 75 DAS

A altura da planta aos 75 dias apresentou correlação positiva significativa com a altura da planta aos 25 DAS (0,801 cm), altura da planta aos 50 DAS (0,715 cm), número de folhas por planta aos 25 DAS (0,760), número de folhas por planta aos 50 DAS (0,636), número de folhas por planta aos 75 DAS (0,675), área foliar aos 25 DAS (0.800 cm^2), área foliar aos 50 DAS (0,735 cm^2), área foliar aos 75 DAS (0,750 cm^2), índice de clorofila aos 25 dias (0,693), índice de clorofila aos 50 DAS (0,830), índice de clorofila aos 75 DAS (0,838), comprimento da raiz (0,707 cm), diâmetro da raiz (0,838 cm), produtividade de raízes por planta (0,784 g), produtividade de raízes por parcela (0.796 kg), produção de raízes por hectare (0,826 t), relação raiz/parte aérea (0,823), índice de colheita (0,695), TSS (0,773^0 Brix), teor de ácido ascórbico (0,767 mg 100 g^{-1}), teor de betanina (0,618 mg 100g^{-1}), teor de azoto, fósforo e potássio no solo após a colheita da cultura (0,778 kg ha^{-1} , 0,739 kg ha^{-1} , 0.820 kg ha^{-1} respetivamente), carbono orgânico no solo após a colheita da cultura (0,758 %), enquanto uma correlação negativa e significativa foi observada com o número de dias necessários para 80 % de germinação (-0,653 dias), pH no solo após a colheita da cultura (0,768) e CE no solo após a colheita da cultura (-0,726 dS mol $)^{-1}$

Os presentes resultados estão em consonância com os relatórios de Tsega et al. (2010) sobre o alho, que referiram que a melhoria da altura das plantas e do número de folhas se deve à sua capacidade fisiológica de mobilizar e translocar fotossintatos para órgãos de valor económico, o que, por sua vez, pode ter aumentado o rendimento.

Resultados semelhantes também foram relatados por Chotaliya e Kulkarni (2017) em alho, que afirmaram que a altura da planta mostrou correlação positiva e significativa com o comprimento da folha, peso do bolbo e rendimento do bolbo

Tejaswini et al. (2017) relataram que houve associação positiva da altura da planta aos 30 e 60 DAS com o rendimento foliar, área foliar, teor de clorofila e ácido ascórbico.

Estes resultados estão em concordância com as conclusões de Manna e Paul (2012) e Naveen et al. (2017) no tomate, Singh et al. (2013) no alho e Gateri et al. (2018) na cebola.

4.4.3 Número de folhas por planta

4.4.3.1 Número de folhas por planta aos 25 DAS

O número de folhas por planta aos 25 dias teve correlação positiva e significativa com a altura da planta aos 25 DAS (0,768 cm), altura da planta aos 50 DAS (0,759 cm) e altura da planta aos 75 DAS (0,760 cm), número de folhas por planta aos 50 DAS (0,766), número de folhas por planta aos 75 DAS (0,624), área foliar aos 25 DAS (0.781 cm^2), área foliar aos 50 DAS (0,664 cm^2) e área foliar aos 75 DAS (0,647 cm^2), índice de teor de clorofila aos 25 DAS (0,671), índice de teor de clorofila aos 50 DAS (0,705) e índice de teor de clorofila aos 75 DAS (0,729), comprimento da raiz (0,637 cm), diâmetro da raiz (0,764 cm), rendimento de raiz por planta (0.823 g), produção de raízes por parcela (0,756 kg), produção de raízes por hectare (0,812 t), relação raiz/parte aérea (0,705), índice de colheita (0,753), TSS (0,738^0 Brix), teor de ácido ascórbico (0,569 mg 100 g^{-1}), teor de betanina (0,566 mg 100 g^{-1}), teor de azoto, fósforo e potássio no solo após a colheita da cultura (0.727 kg $ha^{-1,}$ 0,648 kg $ha^{-1,}$ 0,639 kg ha^{-1}), carbono orgânico no solo após a colheita da cultura (0,744 %), enquanto que foi observada uma correlação negativa e significativa com o número de dias necessários para 80 % de germinação (-0,595 dias), pH no solo após a colheita da cultura (-0,668) e CE (0,689 dS mol^{-1}).

4.4.3.2 Número de folhas por planta aos 50 DAS

O número de folhas por planta aos 50 DAS teve uma correlação positiva significativa com a altura da planta aos 25 DAS (0,883 cm), altura da planta aos 50 DAS (0,919 cm) e altura da planta aos 75 DAS (0,636 cm), número de folhas por planta aos 25 DAS (0,766), número de folhas por planta aos 75 DAS (0,660), área foliar aos 25 DAS (0.824 cm^2), área foliar aos 50 DAS (0,753 cm^2) e área foliar aos 75 DAS (0,718 cm^2), índice de teor de clorofila aos 25 DAS (0,835), índice de teor de clorofila aos 50 DAS (0,759) e índice de teor de clorofila aos 75 DAS (0,778), comprimento da raiz (0,781 cm), diâmetro da raiz (0,796 cm), rendimento da raiz por planta (0,830 g), rendimento da raiz por parcela (0.813 kg), produção de raízes por hectare (0,815 t), relação raiz/parte aérea (0,794), índice de colheita (0,831), TSS (0,794^0 Brix), teor de ácido ascórbico (0,693 mg 100 g^{-1}), teor de betanina (0,769 mg 100 g^{-1}), teor de azoto, fósforo e potássio no solo após a colheita da cultura (0,770 kg ha^{-1} , 0,774 kg ha^{-1} , 0.706 kg ha^{-1} respetivamente), carbono orgânico no solo após a colheita da cultura (0,765 %) mas correlação negativa e significativa com o número de dias necessários para 80 % de germinação (-0,533 dias), pH no solo após a colheita da cultura (-0,717) e CE no solo após a colheita da cultura (-0,798 dS mol^{-1}).

4.4.3.3 Número de folhas por planta aos 75 DAS

O número de folhas aos 75 DAS teve correlação positiva e significativa com a altura da planta aos 25 DAS (0,620 cm), altura da planta aos 50 DAS (0,717 cm) e altura da planta aos 75 DAS (0,675 cm), número de folhas por planta aos 25 DAS (0,624), número de folhas por planta aos 50 DAS (0,660), área foliar aos 25 DAS (0.666 cm^2), área foliar aos 50 DAS (0,747 cm^2) e área foliar aos 75 DAS (0,634 cm^2), índice de clorofila aos 25 DAS (0,784), índice de clorofila aos 50 DAS (0,677) e índice de clorofila aos 75 DAS (0,662), comprimento da raiz (0,779 cm), diâmetro da raiz (0,707 cm), rendimento da raiz por planta (0,749 g), rendimento da raiz por parcela (0.736 kg), produção de raízes por hectare (0,755 t), relação raiz/parte aérea (0,677), índice de colheita (0,788), TSS (0,689^0 Brix), teor de ácido ascórbico (0,785 mg 100 g^{-1}), teor de betanina (0,602 mg 100 g^{-1}), teor de azoto, fósforo e potássio no solo após a colheita da cultura (0,726 kg ha^{-1} , 0,757 kg ha^{-1} , 0.825 kg ha^{-1} respetivamente), carbono orgânico no solo após a colheita da cultura (0,792 %), enquanto uma correlação negativa e significativa foi observada com o número de dias necessários para 80 % de germinação (-0,498 dias), pH no solo após a colheita da cultura (-0,740) e CE no solo após a colheita da cultura (-0,631 dS mol^{-1}).

De acordo com Singh et al. (2013), no alho, isso pode ser devido ao aumento dos assimilados fotossintéticos com o aumento do número de folhas, levando a um maior rendimento total.

Gateri et al. (2018) também relataram que a aplicação de fertilizante N no momento certo poderia melhorar certas partes da planta, particularmente as folhas, o que poderia melhorar a capacidade da planta de produzir mais fotossintatos que são mobilizados para o órgão de valor econômico, aumentando o peso e o diâmetro da raiz que, em última análise, levaram a mais rendimento por unidade de área.

Os presentes resultados estão em consonância com os relatórios de Kumar et al. (2015), Chotaliya e Kulkarni (2017) e Sharma et al. (2016) em alho, Kadem et al. (2016) e Sahu et al. (2018) em cebola.

4.4.4 Área foliar (cm)^2

4.4.4. 1 Área foliar aos 25 DAS

A área foliar aos 25 DAS teve associação negativa e significativa com o número de dias necessários para 80 % de germinação (-0,610 dias), pH no solo após a colheita da cultura (-0,781) e CE no solo após a colheita da cultura (-0.802 dS mol^{-1}), enquanto associação positiva e significativa foi observada com altura da planta aos 25 DAS (0,867 cm), altura da planta aos 50 DAS (0,784 cm) e altura da planta aos 75 DAS (0,800 cm), número de folhas por planta aos 25 DAS (0,781), número de folhas por planta aos 50 DAS (0.824) e número de folhas por planta aos 75 DAS (0,666), área foliar aos 50 DAS (0,758 cm^2) e área foliar aos 75 DAS (0,709 cm^2), índice de teor de clorofila aos 25 DAS (0,793), índice de teor de clorofila aos 50 DAS (0,857) e índice de teor de clorofila aos 75 DAS (0.834), comprimento da raiz (0,835 cm), diâmetro da raiz (0,813 cm), produção de raiz por planta (0,841 g), produção de raiz por parcela (0,861 kg), produção de raiz por hectare (0,852 t), relação raiz/parte aérea (0,812), índice de colheita (0,759), TSS (0,766 ⁰Brix), teor de ácido ascórbico (0,651 mg 100 g^{-1}), teor de betanina (0,722 mg 100 g^{-1}) teor de azoto, fósforo e potássio no solo após a colheita da cultura (0,839 kg ha^{-1} , 0,742 kg ha^{-1} , 0,793 kg ha^{-1} respetivamente), carbono orgânico no solo após a colheita da cultura (0,776 %)

4.4.4.2 Área foliar aos 50 DAS

A área foliar aos 50 DAS apresentou associação significativa e negativa com o número de dias necessários para a germinação (-0,660 dias), pH no solo após a colheita da cultura (-0,771) e CE no solo após a colheita da cultura (-0,778 dS mol^{-1}) enquanto que, associação positiva e significativa com a altura da planta aos 25 DAS (0.780 cm), altura da planta aos 50 DAS (0,808 cm) e altura da planta aos 75 DAS (0,735 cm), número de folhas por planta aos 25 DAS (0,664), número de folhas por planta aos 50 DAS (0,753) e número de folhas por planta aos 75 DAS (0,747), área foliar aos 25 DAS (0,758 cm^2) e área foliar aos 75 DAS (0,698 cm^2), teor de clorofila aos 25 DAS (0.775), teor de clorofila aos 50 DAS (0,844) e teor de clorofila aos 75 DAS (0,821), comprimento da raiz (0,727 cm), diâmetro da raiz (0,803 cm), rendimento da raiz por planta (0,832 g), rendimento da raiz por parcela (0,859 kg), rendimento da raiz por hectare (0,855 t), relação raiz/parte aérea (0,834), índice de colheita (0,699), TSS (0.776⁰ Brix), teor de ácido ascórbico (0,700 mg 100 g^{-1}), teor de betanina (0,673 mg 100 g^{-1}) teor de azoto, fósforo e potássio no solo após a colheita da cultura (0,820 kg ha^{-1} , 0,712 kg ha^{-1} , 0,797 kg ha^{-1} respetivamente), carbono orgânico no solo após a colheita da cultura (0,777 %)

4.4.4.3 Área foliar aos 75 DAS

A área foliar aos 75 DAS mostrou associação negativa significativa com o número de dias necessários para 80% de germinação (-0,602 dias), pH no solo após a colheita da cultura (-0,791) e CE no solo após a colheita da cultura (-0,794 dS mol^{-1}) enquanto que, associação positiva e significativa com a altura da planta aos 25 DAS (0.841 cm), altura da planta aos 50 DAS (0,806 cm) e altura da planta aos 75 DAS (0,750 cm), número de folhas por planta aos 25 DAS (0,647), número de folhas por planta aos 50 DAS (0,718) e número de folhas por planta aos 75 DAS (0,634), área foliar aos 25 DAS (0,709 cm^2) e área foliar aos 50 DAS (0.698 cm^2), índice de teor de clorofila aos 25 DAS (0,838), índice de teor de clorofila aos 50 DAS (0,804) e índice de teor de clorofila aos 75 DAS (0,861), comprimento da raiz (0,795 cm), diâmetro da raiz (0,885 cm), rendimento da raiz por planta (0,722 g), rendimento da raiz por parcela (0,787 kg), rendimento da raiz por hectare (0,772 t), relação raiz/parte aérea (0.806), índice de colheita (0,856), TSS (0,740⁰ Brix), teor de ácido ascórbico (0,848 mg 100 g^{-1}), teor de betanina (0,785 mg 100 g^{-1}), teor de azoto, fósforo e potássio no solo após a colheita da cultura (0.799 kg ha^{-1} , 0,723 kg ha^{-1} , 0,795 kg ha^{-1} respetivamente) carbono orgânico no solo após a colheita da cultura (0,776 %)

Chotaliya e Kulkarni et al (2017) relataram que foi observada uma associação semelhante de caracteres entre altura da planta, número de folhas, área foliar, diâmetro do bolbo, rendimento do bolbo e TSS no alho.

4.4.5 Índice de teor de clorofila

4.4.5.1 Índice de teor de clorofila aos 25 DAS

O índice de teor de clorofila aos 25 DAS teve correlação positiva significativa com a altura da planta aos 25 DAS (0,862 cm), altura da planta aos 50 DAS (0,870 cm) e altura da planta aos 75 DAS (0,693 cm), número de folhas por planta aos 25 DAS (0,671), número de folhas por planta aos 50 DAS (0.835) e número de folhas por planta aos 75 DAS (0,784), área foliar aos 25 DAS (0,793 cm^2), área foliar aos 50 DAS (0,775 cm^2) e área foliar aos 75 DAS (0,838 cm^2), índice de teor de clorofila aos 50 DAS (0,872) e índice de teor de clorofila aos 75 DAS (0,849), comprimento da raiz (0,922 cm), diâmetro da raiz (0.864 cm), produção de raízes (0,866 g $planta^{-1}$), produção de raízes por parcela (0,877 kg), produção de raízes por hectare (0,861 t), relação raiz/parte aérea (0,804), índice de colheita (0.907), SST (0,890^0 Brix), teor de ácido ascórbico (0,796 mg $100g^{-1}$), teor de betanina (0,856 mg $100g^{-1}$), azoto (0,935 kg ha^{-1}), fósforo (0.865 kg ha^{-1}), potássio (0,857 kg ha^{-1}), carbono orgânico (0,923 %), enquanto foi observada uma correlação negativa e significativa com o número de dias necessários para 80 % de germinação (-0,606 dias), pH no solo após a colheita da cultura (-0,898) e CE no solo após a colheita da cultura (-0,889 dS mol $)^{-1}$

4.4.5.2. Índice de teor de clorofila aos 50 DAS

O índice de teor de clorofila aos 50 DAS teve correlação positiva e significativa com a altura da planta aos 25 DAS (0,890 cm), altura da planta aos 50 DAS (0,816 cm) e altura da planta aos 75 DAS (0,830 cm), número de folhas por planta aos 25 DAS (0,705), número de folhas por planta aos 50 DAS (0,759) e número de folhas por planta aos 75 DAS (0.677), área foliar aos 25 DAS (0,857cm^2), área foliar aos 50 DAS (0,844 cm^2) e área foliar aos 75 DAS (0,804 cm^2), índice de clorofila aos 25 DAS (0,872), índice de clorofila aos 75 DAS (0,913), comprimento da raiz (0,835 cm), diâmetro da raiz (0,883 cm), produtividade de raiz por planta (0,878 g), produtividade de raiz por parcela (0.904 kg), produção de raízes por hectare (0,883 t), relação raiz/parte aérea (0,910), índice de colheita (0,776), TSS (0,847^0 Brix), ácido ascórbico (0,754 mg 100 g^{-1}), teor de betanina (0,786 mg 100 g^{-1}), teor de azoto, fósforo e potássio no solo após a colheita da cultura (0,900 kg ha^{-1} , 0,827 kg ha^{-1} , 0.837 kg ha^{-1} respetivamente) e carbono orgânico no solo após a colheita da cultura (0,860 %), enquanto a correlação negativa significativa com o número de dias necessários para 80 % de germinação (-0,664 dias), pH no solo após a colheita da cultura (-0,898) e CE no solo após a colheita da cultura (-0,878 dS mol $)^{-1}$

4.4.5.3 Índice de teor de clorofila aos 75 DAS

O índice de conteúdo de clorofila aos 75 DAS teve correlação positiva significativa com a altura da planta aos 25 DAS (0,901cm), altura da planta aos 50 DAS (0,866 cm) e altura da planta aos 75 DAS (0,838 cm), número de folhas por planta aos 25 DAS (0,729), número de folhas por planta aos 50 DAS (0.778) e número de folhas por planta aos 75 DAS (0,662), área foliar aos 25 DAS (0,834 cm^2), área foliar aos 50 DAS (0,821 cm^2) e área foliar aos 75 DAS (0,861cm^2) índice de teor de clorofila aos 25 DAS (0,849) e índice de teor de clorofila aos 50 DAS (0,913), comprimento da raiz (0,823 cm), diâmetro da raiz (0,914 cm), rendimento da raiz por planta (0.899 g), produção de raízes por parcela (0,923 kg), produção de raízes por hectare (0,917 t), relação raiz/parte aérea (0,869), índice de colheita (0,808), TSS (0,854^0 Brix), ácido ascórbico (0,787 mg 100 g^{-1}), betanina (0,793 mg 100 g^{-1}), teor de azoto, fósforo e potássio no solo após a colheita da cultura (0,889 kg ha^{-1} , 0.742 kg ha^{-1} , 0,852 kg ha^{-1} respetivamente) e carbono orgânico (0,828 %), enquanto foi observada uma correlação negativa e significativa com o número de dias necessários para 80 % de germinação (-0,692 dias), pH no solo após a colheita da cultura (-0,856) e CE no solo após a colheita da cultura (-0,893 dS mol)$^{-1}$

Resultados semelhantes também foram relatados por Tejaswini et al. (2017) em espinafre, que relataram que o índice de teor de clorofila mostrou associação positiva com a altura da planta aos 30 e 60 dias, rendimento foliar, área foliar e teor de ácido ascórbico.

4.4.6 Comprimento da raiz (cm)

O comprimento da raiz teve uma associação positiva significativa com a altura da planta aos 25 DAS (0,838 cm), altura da planta aos 50 DAS (0,816 cm) e altura da planta aos 75 DAS (0,707 cm), número de folhas por planta aos 25 DAS (0,637), número de folhas por planta aos 50 DAS (0,781) e número de folhas por planta aos 75 DAS (0.779), área foliar aos 25 DAS (0,835 cm^2), área foliar aos 50 DAS (0,727 cm^2) e área foliar aos 75 DAS (0,795 cm^2), índice de clorofila aos 25 DAS (0,922), índice de clorofila aos 50 DAS (0,835) e índice de clorofila aos 75 DAS (0,823), diâmetro da raiz (0,802 cm), rendimento de raiz por planta (0,830 g), rendimento de raiz por parcela (0.868 kg), produção de raízes por hectare (0,870 t), relação raiz/parte aérea (0,772), índice de colheita (0,856), TSS (0,840^0 Brix), teor de ácido ascórbico (0,805 mg 100 g^{-1}), teor de betanina (0,738 mg 100 g^{-1}), teor de azoto, fósforo e potássio no solo após a colheita da cultura (0,906 kg ha^{-1} , 0,811 kg ha^{-1} , 0.916 kg ha^{-1} respetivamente), carbono orgânico no solo após a colheita da cultura (0,909 %), enquanto correlação negativa significativa com o número de dias necessários para 80 % de germinação (-0,597 dias), pH no solo após a colheita da cultura (-0,848) e CE no solo após a colheita da cultura (-0,849 dS mol)$^{-1}$

4.4.7. Diâmetro da raiz (cm)

O diâmetro da raiz apresentou associação significativa e positiva com a altura da planta aos 25 DAS (0,904 cm), altura da planta aos 50 DAS (0,830 cm) e altura da planta aos 75 DAS (0,838 cm), número de folhas por planta aos 25 DAS (0,764), número de folhas por planta aos 50 DAS (0,796) e número de folhas por planta aos 75 DAS (0.707), área foliar aos 25 DAS (0,813 cm^2), área foliar aos 50 DAS (0,803 cm^2) e área foliar aos 75 DAS (0,885 cm^2), índice de clorofila aos 25 DAS (0,864), índice de clorofila aos 50 DAS (0,883) e índice de clorofila aos 75 DAS (0,914), comprimento da raiz (0,802 cm), produção de raiz por planta (0,849 g), produção de raiz por parcela (0.867 kg), produção de raízes por parcela (0,877 t), relação raiz/parte aérea (0,899), índice de colheita (0,833), TSS (0,833^{0} Brix), teor de ácido ascórbico (0,778 mg 100 g^{-1}), teor de betanina (0.791 mg 100 g^{-1}), teor de azoto, fósforo e potássio no solo após a colheita da cultura (0,884 kg ha^{-1}), fósforo (0,796 kg ha^{-1}), potássio (0.824 kg ha^{-1}) e carbono orgânico no solo após a colheita da cultura (0,865 %), enquanto foi observada uma correlação negativa significativa com o número de dias necessários para 80 % de germinação (-0,571 dias), pH no solo após a colheita da cultura (-0,837) e CE no solo após a colheita da cultura (-0,859 dS mol $)^{-1}$

Os resultados estão em concordância com os resultados de Singh et al. (2013) em alho e Ashish et al. (2017) em tomate. 4.4.8 Rendimento da raiz

4.4.8.1 Produção de raízes (g planta $)^{-1}$

A produção de raízes (g $planta^{-1}$) mostrou uma associação positiva significativa com a altura da planta aos 25 DAS (0,842 g $planta^{-1}$), altura da planta aos 50 DAS (0,869 g $planta^{-1}$), altura da planta aos 75 DAS (0,784 g $planta^{-1}$), número de folhas por planta aos 25 DAS (0.823), número de folhas por planta aos 50 DAS (0,830) e número de folhas por planta aos 75 DAS (0,749), área foliar aos 25 DAS (0,841cm^2), área foliar aos 50 DAS (0,832 cm^2) e área foliar aos 75 DAS (0, 722cm^2), índice de teor de clorofila aos 25

DAS (0,866), índice de teor de clorofila aos 50 DAS (0,878) e índice de teor de clorofila aos 75 DAS (0,899), comprimento da raiz (0,830 cm), diâmetro da raiz (0,849 cm), rendimento da raiz por parcela (0,931 kg), rendimento da raiz por hectare (0.944 t), relação raiz/parte aérea (0,810), índice de colheita (0,818), TSS (0,889^{0} Brix), teor de ácido ascórbico (0,729 mg 100 g^{-1}), teor de betanina (0,735 mg 100 g^{-1}), teor de azoto, fósforo e potássio no solo após a colheita da cultura (0.898 kg ha^{-1} , 0,744 kg ha^{-1} , 0,787 kg ha^{-1} respetivamente) e carbono orgânico no solo após a colheita da cultura (0,878 %), enquanto a correlação negativa e significativa com o número de dias necessários para 80 % de germinação (-0,715 dias), pH no solo após a colheita da cultura (-0,866) e CE no solo após a colheita da cultura (-0,847 dS mol^{-1}) 4.4.8.2 Rendimento de raízes (kg parcela $)^{-1}$

A produção de raízes (kg $parcela^{-1}$) foi observada uma associação positiva significativa com a altura da planta aos 25 DAS (0,873 cm), altura da planta aos 50 DAS (0,864 cm) e altura da planta aos 75 DAS (0,796 cm), número de folhas por planta aos 25 DAS (0,756), número de folhas por planta aos 50 DAS (0,813) e número de folhas por planta aos 75 DAS (0.736 cm^2), área foliar aos 25 DAS (0.861cm^2), área foliar aos 50 DAS (0.859 cm^2) e área foliar aos 75 DAS (0.787 cm^2), índice de clorofila aos 25 DAS (0.877), índice de clorofila aos 50 DAS (0.904) e índice de clorofila aos 75 DAS (0.923), comprimento da raiz (0.868 cm), diâmetro da raiz (0.867 cm), rendimento da raiz por planta (0.931g), produção de raízes por hectare (0,978 t), relação raiz/parte aérea (0,806), índice de colheita (0,800), TSS (0,923^{0} Brix), teor de ácido ascórbico (0,795 mg 100 g^{-1}), teor de betanina (0,827 mg 100 g^{-1}), teor de azoto, fósforo e potássio no solo após a colheita da cultura (0,931 kg

ha^{-1}, 0,799 kg ha^{-1}, 0.857 kg ha^{-1}, respetivamente) e carbono orgânico no solo após a colheita da cultura (0,919 %), enquanto que a correlação negativa significativa com o número de dias necessários para 80 % de germinação (-0,748 dias), pH no solo após a colheita da cultura (0,888) e CE no solo após a colheita da cultura (-0,912 dS mol- 1)

4.4.8.3 Rendimento de raízes (t ha)-1

A produção de raízes (t ha^{-1}) mostrou associação positiva e significativa com a altura da planta aos 25 DAS (0,880 cm), altura da planta aos 50 DAS (0,881 cm) e altura da planta aos 75 DAS (0,826 cm), número de folhas por planta aos 25 DAS (0,812), número de folhas por planta aos 50 DAS (0,815) e número de folhas por planta aos 75 DAS (0.755), área foliar aos 25 DAS (0,852 cm^2), área foliar aos 50 DAS (0,855 cm^2) e área foliar aos 75 DAS (0,772 cm^2) teor de clorofila aos 25 DAS (0,861), índice de clorofila aos 50 DAS (0,883) e teor de clorofila aos 75 DAS (0,917), comprimento da raiz (0,870 cm), diâmetro da raiz (0,877 cm), rendimento da raiz por planta (0.944 g), produção de raízes por parcela (0,978 kg), relação raiz/parte aérea (0,794), índice de colheita (0,804), TSS (0,911^0 Brix), teor de ácido ascórbico (0,792 mg 100 g^{-1}), teor de betanina (0,771 mg 100 g^{-1}) teor de azoto, fósforo e potássio no solo após a colheita da cultura (0,937 kg ha^{-1}, 0,789 kg ha^{-1}, 0.869 kg ha^{-1} respetivamente) e carbono orgânico no solo após a colheita da cultura (0,926 %), enquanto a correlação negativa e significativa com o número de dias necessários para 80 % de germinação (-0,750), pH no solo após a colheita da cultura (-0,915) e CE no solo após a colheita da cultura (-0,883 dS mol)-1

Associação semelhante é observada de acordo com Singh et al. (2018), Kathayat et al. (2019) em colacasia, Sahu et al. (2018) em cebola e Lavanya et al. (2019) em batata.

4.4.9 Relação raiz/parte aérea:

A relação raiz/parte aérea mostrou uma associação negativa significativa com o número de dias necessários para 80% de germinação (-0,492 dias), o pH do solo após a colheita da cultura (-0,806) e a CE do solo após a colheita da cultura (-0,794 dS mol^{-1}), enquanto que uma associação positiva com a altura da planta aos 25 DAS (0.906 cm), altura da planta aos 50 DAS (0,813 cm) e altura da planta aos 75 DAS (0,823 cm), número de folhas por planta aos 25 DAS (0,705), número de folhas por planta aos 50 DAS (0,794) e número de folhas por planta aos 75 DAS (0,677), área foliar aos 25 DAS (0,812 cm^2), área foliar aos 50 DAS (0,834 cm^2) e área foliar aos 75 DAS (0.806 cm^2), índice de teor de clorofila aos 25 DAS (0,804), índice de teor de clorofila aos 50 DAS (0,910) e índice de teor de clorofila aos 75 DAS (0,869), comprimento da raiz (0,772 cm), diâmetro da raiz (0,899 cm), rendimento da raiz por planta (0,810 g), rendimento da raiz por parcela (0,806 kg), rendimento da raiz por hectare (0,794 t), índice de colheita (0.815), TSS (0,789^0 Brix), teor de ácido ascórbico (0,751 mg 100 g^{-1}), teor de betanina (0,688 mg 100 g^{-1}) teor de azoto, fósforo e potássio no solo após a colheita da cultura (0,811 kg ha^{-1}, 0,820 kg ha^{-1}, 0,805 kg ha^{-1} respetivamente), carbono orgânico no solo após a colheita da cultura (0,811 %)

De acordo com Sanghera et al. (2016), na raiz de beterraba, houve resultados semelhantes de associação direta da relação raiz/parte aérea com o índice de colheita e o SST, enquanto a associação indireta com o diâmetro da raiz e o rendimento da raiz.

4.4.10 Índice de colheita

O índice de colheita mostrou associação negativa e significativa com o número de dias necessários para 80% de germinação (-0,544 dias), pH (-0,834) e CE (-0,780 dS mol^{-1}), enquanto associação positiva com a altura da planta aos 25 DAS (0,856 cm), altura da planta aos 50 DAS (0,883cm) e altura da planta aos 75 DAS (0.695 cm) número de folhas por planta aos 25 DAS (0,753), número de folhas por planta aos 50 DAS (0,831) e número de folhas por planta aos 75 DAS (0,788), área foliar aos 25 DAS (0,759 cm^2), área foliar aos 50 DAS (0,699 cm^2) e área foliar aos 75 DAS (0,856 cm^2) índice de teor de clorofila aos 25 DAS (0.907), índice de teor de clorofila aos 50 DAS (0,776) e índice de teor de clorofila aos 75 DAS (0,808) comprimento da raiz (0,856 cm), diâmetro da raiz (0,833 cm), rendimento da raiz por planta (0,818 g), rendimento da raiz por parcela (0,800 kg), rendimento da raiz por hectare (0,804 t) relação raiz/parte aérea (0,815), TSS (0.826^0 Brix), teor de ácido ascórbico (0,806 mg 100 g^{-1}), teor de betanina (0,764 mg 100 g^{-1}) azoto, fósforo e potássio no solo após a colheita da cultura (0,839 kg ha^{-1} , 0,845 kg ha^{-1} , 0,811 kg ha^{-1} respetivamente) e carbono orgânico no solo após a colheita da cultura (0,899 %)

Resultados semelhantes de associação direta do índice de colheita com a relação raiz/parte aérea e SST, enquanto que a associação indireta com o diâmetro da raiz e o rendimento da raiz por Sanghera et al. (2016) em beterraba.

4.4.11 Sólidos solúveis totais (^{0} brix)

O SST mostrou associação negativa e significativa com o número de dias necessários para 80% de germinação (-0,654 dias), pH no solo após a colheita da cultura (-0,823) e CE no solo após a colheita da cultura (-0,883 dS mol^{-1}) enquanto associação positiva com a altura da planta aos 25 DAS (0.853 cm), altura da planta aos 50 DAS (0,845cm) e altura da planta aos 75 DAS (0,773 cm), número de folhas por planta aos 25 DAS (0,738), número de folhas por planta aos 50 DAS (0,794) e número de folhas por planta aos 75 DAS (0,689), área foliar aos 25 DAS (0,766 cm^2), área foliar aos 50 DAS (0,776 cm^2) e área foliar aos 75 DAS (0.740 cm^2) índice de teor de clorofila aos 25 DAS (0,890), índice de teor de clorofila aos 50 DAS (0,847) e índice de teor de clorofila aos 75 DAS (0,854) comprimento da raiz (0,840 cm), diâmetro da raiz (0,833 cm), rendimento da raiz por planta (0,889 g), rendimento da raiz por parcela (0,923 kg), rendimento da raiz por hectare (0,911 t) relação raiz/parte aérea (0.789) índice de colheita (0,826), teor de ácido ascórbico (0,748 mg 100 g^{-1}) teor de betanina (0,787 mg 100 g^{-1}) teor de azoto, fósforo e potássio no solo após a colheita da cultura (0,909 kg ha^{-1} , 0,846 kg ha^{-1} , 0,843 kg ha^{-1} respetivamente) e carbono orgânico no solo após a colheita da cultura (0,912 %).

Chotaliya e Kulkarni et al. (2017) relataram uma associação positiva semelhante do SST com a altura da planta, número de folhas por planta, área foliar, diâmetro do bolbo e rendimento do bolbo no alho.

Resultados semelhantes também foram relatados por Gateri et al. (2018), Sahu et al. (2018) em cebola e Naveen et al. (2017) em tomate.

4.4.12. Teor de ácido ascórbico (mg 100 g $)^{-1}$

O teor de ácido ascórbico teve associação negativa e significativa com o número de dias necessários para 80% da germinação (-0,561 dias), pH no solo após a colheita da cultura (-0,783) e CE no solo após a colheita da cultura (-0,724 dS mol^{-1}), enquanto associação positiva com a altura da planta aos 25 DAS (0.766 cm), altura da planta aos 50 DAS (0,799 cm) e altura da planta aos 75 DAS (0,767 cm), número de folhas por planta aos 25 DAS (0,569), número de folhas aos 50 DAS (0,693) e número de folhas por planta aos 75 DAS (0,785), área foliar aos 25 DAS (0,651 cm^2), 50 DAS (0,700 cm^2) e 75 DAS (0.848 cm^2), índice de teor de clorofila aos 25 DAS (0,796), índice de teor de clorofila aos 50 DAS (0,754) e índice de teor de clorofila aos 75 DAS (0,787), comprimento da raiz (0,805 cm), diâmetro da raiz (0,778 cm), rendimento da raiz por planta (0,729 g), rendimento da raiz por parcela (0,795 kg), rendimento da raiz por hectare (0.792), relação raiz/parte aérea (0,751), índice de colheita (0,806), SST ($0,748^0$ Brix), teor de betanina (0,17 mg 100 g^{-1}), teor de azoto, fósforo e potássio no solo após a colheita da cultura (0,733 kg ha^{-1} , 0,800 kg ha^{-1} , 0,827 kg ha^{-1}) e carbono orgânico no solo após a colheita da cultura (0,812 %).

Os presentes resultados estão em consonância com os relatórios de Tejaswini et al. (2017) em espinafres e Bhatt et al. (2017) em alho.

4.4.13 Teor de betanina (mg 100 g $)^{-1}$

O teor de betanina apresentou associação negativa e significativa com o número de dias necessários para 80% de germinação (-0,603 dias), pH no solo após a colheita da cultura (-0,804) e CE no solo após a colheita da cultura (-0,795 dS mol^{-1}) enquanto associação positiva e significativa com a altura da planta aos 25 DAS (0.827cm), altura da planta aos 50 DAS (0,814cm) e altura da planta aos 75 DAS (0,618 cm), número de folhas por planta aos 25 DAS (0,566), número de folhas por planta aos 50 DAS (0,769) e número de folhas por planta aos 75 DAS (0,602), área foliar aos 25 DAS (0,722 cm^2), área foliar aos 50 DAS (0.673 cm^2) e área foliar aos 75 DAS (0,785 cm^2), índice de teor de clorofila aos 25 DAS (0,856), índice de teor de clorofila aos 50 DAS (0,786) e índice de teor de clorofila aos 75 DAS (0,793), comprimento da raiz (0,738 cm), diâmetro da raiz (0,791cm), rendimento da raiz por planta (0,735 g), rendimento da raiz por parcela (0,827 kg), rendimento da raiz por hectare (0.771 t), relação raiz/parte aérea (0,688), índice de colheita (0,764), TSS ($0,787^0$ Brix), teor de ácido ascórbico (0,717 mg 100 g^{-1}), teor de azoto, fósforo e potássio no solo após a colheita da cultura (0,779 kg ha^{-1} , 0,824 kg ha^{-1} , 0,668 kg ha^{-1}) e carbono orgânico no solo após a colheita da cultura (0,795 %)

4.4.14 Teor de azoto no solo após a colheita da cultura

O nitrogênio apresentou correlação negativa e significativa com o número de dias necessários para 80% da germinação (-0,688 dias), pH no solo após a colheita da cultura (-0,934) e CE no solo após a colheita da cultura (-0,944 dS mol^{-1}) enquanto associação positiva com a altura da planta aos 25 DAS (0.879 cm), altura da planta aos 50 DAS (0,828 cm) e altura da planta aos 75 DAS (0,778 cm), número de folhas por planta aos 25 DAS (0,727), número de folhas por planta aos 50 DAS (0,770) e número de folhas por planta aos 75 DAS (0,726), área foliar aos 25 DAS (0,839 cm^2), área foliar aos 50 DAS (0,820 cm^2) e área foliar aos 75 DAS (0.799 cm^2), índice de teor de clorofila aos 25 DAS (0,935), índice de teor de clorofila aos 50 DAS (0,900) e índice de teor de clorofila aos 75 DAS (0,889) comprimento da raiz (0,906 cm) diâmetro da raiz (0,884 cm) rendimento da raiz por planta (0,898 g), rendimento da raiz por parcela (0,931 kg), rendimento da raiz por hectare (0.937 t) relação raiz/parte aérea (0,811) índice de colheita (0,839), TSS (0,909^0 Brix) teor de ácido ascórbico (0,733 mg $100g^{-1}$) teor de betanina (0,779 mg $100g^{-1}$), fósforo, teor de potássio no solo após a colheita da cultura (0,813 kg ha^{-1} , 0,878 kg ha^{-1}), carbono orgânico no solo após a colheita da cultura (0,939 %)

4.4.15. Teor de fósforo no solo após a colheita da cultura

O fósforo mostrou correlação negativa e significativa com o número de dias necessários para 80% da germinação (-0,536 dias), pH (-0,829) e CE (-0,776 dS mol^{-1}), enquanto associação positiva e significativa com a altura da planta aos 25 DAS (0,877cm), altura da planta aos 50 DAS (0,841cm) e altura da planta aos 75 DAS (0.739 cm), número de folhas por planta aos 25 DAS (0,648), número de folhas por planta aos 50 DAS (0,774) e número de folhas por planta aos 75 DAS (0,757), área foliar aos 25 DAS (0,742 cm^2), área foliar aos 50 DAS (0,712 cm^2) e área foliar aos 75 DAS (0,723 cm^2) índice de teor de clorofila aos 25 DAS (0.865), índice de teor de clorofila aos 50 DAS (0,827) e índice de teor de clorofila aos 75 DAS (0,742) comprimento da raiz (0,811 cm) diâmetro da raiz (0,796 cm) rendimento da raiz por planta (0,744 g), rendimento da raiz por parcela (0,799 kg), rendimento da raiz por hectare (0,789 t), relação raiz/parte aérea (0.820), índice de colheita (0,845), TSS (0,846^0 Brix), teor de ácido ascórbico (0,800 mg $100g^{-1}$), teor de betanina (0,824 mg $100g^{-1}$), teor de azoto e potássio no solo após a colheita da cultura (0,813 kg ha^{-1} , 0,786 kg ha^{-1}) e carbono orgânico no solo após a colheita da cultura (0,847 %)

4.4.16 Teor de potássio no solo após a colheita da cultura

O potássio mostrou associação positiva e significativa com a altura da planta aos 25 DAS (0,790 cm), altura da planta aos 50 DAS (0,786 cm) e altura da planta aos 75 DAS (0,820 cm) número de folhas por planta aos 25 DAS (0,639), número de folhas por planta aos 50 DAS (0,706) e número de folhas por planta aos 75 DAS (0,825) área foliar aos 25 DAS (0.793 cm^2), área foliar aos 50 DAS (0,797 cm^2) e área foliar aos 75 DAS (0,795 cm^2), índice de teor de clorofila aos 25 DAS (0,857), índice de teor de clorofila aos 50 DAS

(0,837) e índice de teor de clorofila aos 75 DAS (0,852), comprimento da raiz (0,916 cm), diâmetro da raiz (0,824), rendimento da raiz por planta (0,787g), rendimento da raiz por parcela (0.857 kg), produção de raízes por hectare (0,869 t) relação raiz/parte aérea (0,805) índice de colheita (0,811), TSS (0,843^{0} Brix), teor de ácido ascórbico (0,827 mg $100g^{-1}$) teor de betanina (0.668 mg $100g^{-1}$), azoto, teor de fósforo no solo após a colheita da cultura (0,878 kg ha^{-1} , 0,786 kg ha^{-1} respetivamente) e carbono orgânico no solo após a colheita da cultura (0.908 %), enquanto que a correlação negativa e significativa com o número de dias necessários para 80 % de germinação no solo após a colheita da cultura (-0,614 dias), o teor de pH no solo após a colheita da cultura (-0,804) e a CE no solo após a colheita da cultura (-0,840 dS mol $)^{-1}$

4.4.17 pH do solo após a colheita da cultura

O pH apresentou uma associação positiva significativa com a altura da planta aos 25 DAS (-0,850 cm), altura da planta aos 50 DAS (-0,783 cm) e altura da planta aos 75 DAS (-0,768 cm) número de folhas por planta aos 25 DAS (-0,688), número de folhas por planta aos 50 DAS (-0,717) e número de folhas por planta aos 75 DAS (-0.740), área foliar aos 25 DAS (-0,781cm^2), área foliar aos 50 DAS (-0,771 cm^2) e área foliar aos 75 DAS (-0,791 cm^2) índice de teor de clorofila aos 25 DAS (-0,898), índice de teor de clorofila aos 50 DAS (-0,898) e índice de teor de clorofila aos 75 dias (-0,856) comprimento da raiz (0,848 cm) diâmetro da raiz (-0.837 cm) produção de raízes por planta (-0,866 g), produção de raízes por parcela (-0,888), produção de raízes por hectare (-0,883 t) relação raiz/parte aérea (-0,806) índice de colheita (-0,834), TSS (-0,823^{0} Brix) teor de ácido ascórbico (-0,783 mg 100 g^{-1}) teor de betanina (-0,804 mg 100 g^{-1}), teor de azoto, fósforo e potássio no solo após a colheita da cultura (-0.934 kg ha^{-1} , -0.829 kg ha^{-1} , -0.804 kg ha^{-1}) e carbono orgânico no solo após a colheita da cultura (-0.907 %) enquanto correlação negativa e significativa com o número de dias necessários para 80 % de germinação (0.630 dias) e CE no solo após a colheita da cultura (0.872 dS mol^{-1}).

Etissa et al. (2014) mostraram resultados semelhantes de associação negativa do pH com o teor de clorofila em tomate.

4.4.18 Ec no solo após a colheita da cultura (dS mol $)^{-1}$

A CE mostrou associação positiva e significativa com a altura da planta aos 25 DAS (-0,847cm), altura da planta aos 50 DAS (-0,891cm) e altura da planta aos 75 DAS (-0,726 cm) número de folhas por planta aos 25 DAS (-0,689), número de folhas por planta aos 50 DAS (-0,798) e número de folhas por planta aos 75 DAS (-0.631) área foliar aos 25 DAS (-0,802 cm^2), área foliar aos 50 DAS (-0,778 cm^2) e área foliar aos 75 DAS (-0,794 cm^2), índice de teor de clorofila aos 25 DAS (-0,889), índice de teor de clorofila aos 50 DAS (-0,878) e índice de teor de clorofila aos 75 DAS (-0,893) comprimento da raiz (0,849 cm) diâmetro da raiz (-0.859 cm) produção de raízes por planta (-0,847 g), produção de raízes por parcela (-0,912 kg), produção de raízes por hectare (-0,915 t) relação raiz/parte aérea (-0,794) índice de colheita (-0,780), TSS (-0,883° Brix) teor de ácido ascórbico (-0,724 mg 100 g^{-1}) teor de betanina (-0.795mg 100 g^{-1}), teor de nitrogênio, fósforo e potássio no solo após a colheita da cultura (-0,944 kg ha^{-1} , -0,776 kg ha^{-1} , -0,840 kg ha^{-1}) e carbono orgânico (-0,918 %), enquanto correlação significativa e negativa com o número de dias necessários para a germinação (0,633 dias) e pH no solo após a colheita da cultura (0,872).

4.4.19 Carbono orgânico no solo após e colheita da cultura (%)

O carbono orgânico teve associação positiva e significativa com a altura da planta aos 25 DAS (0,866 cm), altura da planta aos 50 DAS (0,870 cm) e altura da planta aos 75 DAS (0,758 cm), número de folhas por planta aos 25 DAS (0,744), número de folhas por planta aos 50 DAS (0,765) e número de folhas por planta aos 75 DAS (0.792) área foliar aos 25 DAS (0,776cm^2), área foliar aos 50 DAS (0,777 cm^2) e área foliar aos 75 DAS (0,828 cm^2) índice de teor de clorofila aos 25 DAS (0,923), índice de teor de clorofila aos 50 DAS (0,860) e índice de teor de clorofila aos 75 DAS (0,896) comprimento da raiz (0,909 cm) diâmetro da raiz (0.865 cm) rendimento radicular por planta (0,878 g), rendimento radicular por parcela (0,919 kg), rendimento radicular por hectare (0,926) relação raiz/parte aérea (0,811) índice de colheita (0,899), TSS (0,912° Brix) teor de ácido ascórbico (0,812mg 100 g^{-1}) teor de betanina (0,795 mg100 g^{-1}), azoto, fósforo e potássio no solo após a colheita da cultura (0.939 kg ha^{-1} , 0,847 kg ha^{-1} e 0,908 kg ha^{-1}), enquanto a correlação negativa e significativa com o número de dias necessários para 80 % de germinação (-0,662), o pH no solo após a colheita da cultura (-0,907) e a CE no solo após a colheita da cultura (-0,918 dS mol^{-1})

4.5 ANÁLISE DA ARMAZENAGEM

4.5.1 Perda de peso fisiológica (%) aos 5, 10 e 15 dias após a colheita.

Entre os tratamentos, o tratamento T3 (75 % RDNPK +FYM (6 t ha^{-1}) + Vermicomposto (1,5 t ha^{-1}) + Azatobactor (10 kg ha^{-1}) + PSB (10 kg ha^{-1}) registou uma perda fisiológica mínima de peso da raiz (8.12 %, 13,96 % e 20,16 %), enquanto a perda de peso fisiológica máxima (12,40 %, 17,78% e 27,54%) foi registada no tratamento T8 (50 % RDNPK + FYM (12 t ha^{-1})).

A perda fisiológica do peso da raiz aos 10 dias após a colheita variou de 13,96 a 17,78 por cento. O tratamento T3 (75 % RDNPK +FYM (6 t ha^{-1}) + Vermicomposto (1,5 t ha^{-1}) + Azatobactor (10 kg ha^{-1}) + PSB (10 kg ha^{-1})) registou o valor mínimo (13,96 %), enquanto que o valor máximo (17,78 %) foi registado no tratamento T8 (50 % RDNPK + FYM (12 t ha- 1)).

A perda fisiológica do peso da raiz aos 15 dias após a colheita variou de 20,16 a 27,54 por cento. Entre os tratamentos, o tratamento T3 (75 % RDNPK +FYM (6 t ha) + Vermicomposto (1,5 t ha^{-1}) + Azatobactor (10 kg ha^{-1}) + PSB (10 kg ha^{-1})) registou uma perda de peso fisiológica mínima (20,16 %), enquanto que o valor máximo (27,54 %) foi registado no tratamento T8 (50 % RDNPK + FYM (12 t ha^{-1})).

A menor perda fisiológica de peso da raiz foi observada no tratamento T3 (75 % RDNPK +FYM (6 t ha^{-1}) + Vermicomposto (1,5 t ha^{-1}) + Azatobactor (10 kg ha^{-1}) + PSB (10 kg ha^{-1})) devido ao facto de o mesmo tratamento ter registado os melhores valores em termos de crescimento, rendimento e parâmetros de qualidade, em vez de outros tratamentos.

Resultados semelhantes foram também obtidos por Jagadeesh et al. (2018) em raízes de beterraba.

Quadro 4.5.1. Efeito da gestão integrada de nutrientes na perda fisiológica de peso (%) em diferentes períodos de armazenamento após a colheita de raízes de beterraba Cv. Crimson Globe.

Tratamentos (T)	**Perda de peso física e psicológica (%)**		
	5 DAH	**10 DAH**	**15 DAH**
Ti-75 % RDNPK + FYM (12 t ha-1) + *Azatobacter* (10 kg ha1) + PSB (10 kg ha)1	10.63b	15.82b	23.56b
T_2 -75 % RDNPK + VC (3 t ha-1) + *Azatobacter* (10 kg ha1) + PSB (10kg ha)1	9.20ab	14.30a	23.24b
T3-75 % RDNPK + FYM (6 t ha-1) +VC (1,5 t ha1) + *Azatobacter* (10 kg ha1) + PSB (10 kg ha)1	8.12a	13.96a	20.16a
T_4 -50 % RDNPK + FYM (12 t ha1) + *Azatobacter* (10 kg ha1) + PSB (10 kg ha)1	10.76bc	16.35b	24.28bc
T5-50 % RDNPK + VC (3 t ha-1) + *Azatobacter* (10 kg ha-1) + PSB (10 kg ha)-1	9.76b	15.00ab	23.80b
T6-50 % RDNPK+ FYM (6 t ha1) + VC (1,5 t ha1) + *Azatobacter* (10 kg ha1) + PSB (10 kg ha)1	8.33a	14.13a	22,60ab
T_7 -75 % RDNPK + FYM (12 t ha-)1	11.20e	16.58bc	26.80c
T_8 -50 % RDNPK + FYM (12 t ha)1	12.40e	17.78e	27.54c
SE (m) ±	0.40	0.51	0.69
CD a 5 %	1.22	1.53	2.11

4.6 ESTADO DOS NUTRIENTES DO SOLO APÓS A COLHEITA DA CULTURA.

Os dados relativos ao estado dos nutrientes do solo após a colheita da cultura são apresentados nos quadros 4.6.1. a 4.6.2.

4.6.1 Azoto disponível (kg ha $)^{-1}$

Os dados relativos ao azoto disponível no solo imediatamente após a colheita das culturas, em função dos tratamentos de gestão integrada dos nutrientes, são apresentados no quadro 4.6.1. e representados na figura 4.6.1

Todos os tratamentos diferiram significativamente neste parâmetro. Entre os tratamentos, o tratamento T3 (75 % RDNPK +FYM (6 t ha^{-1}) + Vermicomposto (1,5 t ha^{-1}) + Azatobactor (10 kg ha^{-1}) + PSB (10 kg ha^{-1})) registou o valor máximo

(352,37 kg ha^{-1}), seguido pelo tratamento T6 (339,30 kg ha^{-1}) e foram estatisticamente não significativos entre si, enquanto que foi significativamente mínimo no tratamento T8 (50 % RDNPK + FYM (12 t ha^{-1})) (216,08 kg ha^{-1}).

O N disponível mais elevado no solo após a colheita da cultura foi registado no tratamento T3 (75 % RDNPK +FYM (6 t/ha) + Vermicomposto (1,5 t/ha) +

Azatobactor (10 kg/ha) + PSB (10 kg/ha), o que se deveu à aplicação de biofertilizantes juntamente com FYM e vermicomposto, reduziu a perda de azoto e aumentou a fixação biológica de azoto, o que resultou no fornecimento de mais azoto ao solo.

Estes resultados estão em conformidade com as conclusões de Kafle et al. (2019) em batata

4.6.2 Fósforo disponível (kg ha)$^{-1}$

Os resultados relativos ao teor de fósforo disponível no solo imediatamente após a colheita da cultura são apresentados no quadro 4.6.1 e na figura 4.6.2.

O teor inicial de fósforo foi registado como (28,2 kg ha^{-1}). A partir dos dados, é claro que houve uma diferença significativa entre os tratamentos. O valor máximo foi registado no tratamento T3 (75 % RDNPK + FYM (6 t ha^{-1}) + Vermicomposto (1,5 t ha^{-1}) + Azatobactor (10 kg ha^{-1}) + PSB (10 kg ha^{-1})) (47,47 kg ha^{-1}) e foi comparável com o tratamento T6 (43.93 kg ha^{-1}), ao passo que foi mínimo no tratamento T8 (50 % RDNPK + FYM (12 t ha^{-1})) (34,45 kg ha^{-1}) e foi comparável ao tratamento T4 (36,18 kg ha^{-1}), ao tratamento T7 (37,75 kg ha^{-1}) e ao tratamento T1 (38,16 kg ha^{-1}).

Os dados sobre o fósforo disponível no solo após a colheita da cultura indicaram que o tratamento T3 (75 % RDNPK +FYM (6 t ha^{-1}) + Vermicomposto (1,5 t ha^{-1}) + Azatobactor (10 kg ha^{-1}) + PSB (10 kg ha^{-1})) resultou no valor mais elevado, o que pode ser devido à decomposição do FYM, libertando vários ácidos orgânicos que levaram à solubilização do p insolúvel para a forma solúvel. Da mesma forma, o PSB solubiliza o p insolúvel na forma solúvel, resultando na disponibilidade de mais conteúdo de fósforo no solo após a colheita da cultura.

Os presentes resultados estão em conformidade com os de Kumar et al. (2006) na cebola.

4.6.3 Potássio disponível (kg ha)$^{-1}$

Os dados sobre o teor de potássio disponível no solo são apresentados no quadro 4.6.1.

A partir dos dados, é indicado que o teor de potássio no solo após a colheita da cultura foi registado como inicial (242,3 kg ha^{-1}). O maior teor de potássio disponível no solo logo após a colheita da cultura foi registado no tratamento T3 (75 % RDNPK +FYM (6 t ha^{-1}) + Vermicomposto (1,5 t ha^{-1}) + Azatobactor (10 kg ha^{-1}) + PSB (10 kg ha^{-1})) (365.95 kg ha^{-1}) e foi igual ao tratamento T6 (352,73 kg ha^{-1}) e o menor teor de potássio disponível foi registado no tratamento T8 (50 % RDNPK + FYM (12 t ha^{-1})) (307,68 kg ha^{-1}).

Os dados registados sobre o potássio disponível no solo logo após a colheita da cultura revelaram que o valor mais elevado foi registado no tratamento T3 (75 % RDNPK +FYM (6 t ha^{-1}) + Vermicomposto (1.5 t ha^{-1}) + Azatobactor (10 kg ha^{-1}) + PSB (10 kg ha^{-1})), o que se deveu ao aumento do teor de potássio na zona da rizosfera em torno das raízes pela aplicação de biofertilizantes, FYM e vermicomposto, o que contribuiu para uma maior disponibilidade de potássio no solo após a colheita da cultura.

Estes resultados estão em consonância com os relatórios de Kameswari et al. (2011) sobre a cabaça de crista.

4.6.4 pH do solo

O pH do solo após a colheita da cultura variou de 8,04 a 8,50 (Tabela 4.6.2). Entre os tratamentos, o tratamento T3 (75 % RDNPK +FYM (6 t ha^{-1}) + Vermicomposto (1,5 t ha^{-1}) + Azatobactor (10 kg ha^{-1}) + PSB (10 kg ha^{-1}) foi o que apresentou o pH mais baixo (8,04) e estava a par com o tratamento T6 (8,10), enquanto que o tratamento T8 (50 % RDNPK + FYM (12 t ha^{-1})) registou significativamente o pH mais elevado (8,50).

O pH mais baixo foi registado no tratamento T3 (75 % RDNPK +FYM (6 t ha^{-1}) + Vermicomposto (1,5 t ha^{-1}) + Azatobactor (10 kg ha^{-1}) + PSB (10 kg ha^{-1}), o que se deveu ao efeito combinado de fertilizantes orgânicos, inorgânicos e biofertilizantes que levou à manutenção de um pH ótimo no solo, em vez de outros tratamentos.

Resultados semelhantes foram também registados por Ambede et al. (2008) em cabaça amarga.

4.6.5 Condutividade eléctrica do solo (dS mol $)^{-1}$

Os resultados relacionados com a condutividade eléctrica do solo após a colheita da cultura, afectados pelos tratamentos de gestão integrada de nutrientes, são apresentados no quadro 4.6.2, representado na figura 4.6.2.

Foi observada uma diferença significativa entre os tratamentos neste parâmetro. O valor mais baixo foi registado no tratamento T3 (75 % RDNPK +FYM (6 t ha^{-1}) + Vermicomposto (1,5 t ha^{-1}) + Azatobactor (10 kg ha^{-1}) + PSB (10 kg ha^{-1}) (0,23 dS mol^{-1}), seguido do tratamento T6 (0.27 dS mol^{-1}) e foi comparável entre si, enquanto que o valor mais elevado foi registado no tratamento T8 (50 % RDNPK + FYM (12 t ha^{-1})) (0,38 dS mol^{-1}) e foi igual ao tratamento T4 (0,36 dS mol^{-1}).

A CE mais baixa do solo foi registada no tratamento T3 (75 % RDNPK +FYM (6 t ha^{-1}) + Vermicomposto (1,5 t ha^{-1}) + Azatobactor (10 kg ha^{-1}) + PSB (10 kg ha^{-1}), o que pode ser devido ao efeito combinado de diferentes fontes de nutrientes, viz., orgânicos, inorgânicos, biofertilizantes e PSB, resultando no valor mais baixo de CE.

Achados semelhantes também foram relatados por Rai et al. (2016) em cebola.

4.6.6 Carbono orgânico do solo (%)

O teor de carbono orgânico do solo após a colheita da cultura apresentou valores que variaram entre 0,33 e 0,60 por cento. Entre os tratamentos, o tratamento T3 (75 % RDNPK +FYM (6 t ha^{-1}) + Vermicomposto (1,5 t ha^{-1}) + Azatobactor (10 kg ha^{-1}) + PSB (10 kg ha^{-1}) apresentou o maior teor de carbono orgânico (0.60 %) e o valor significativamente mais baixo foi registado no tratamento T8 (50 % RDNPK + FYM (12 t ha^{-1}) (0.33 %) que foi previsto na tabela 4.6.2 e na fig. 4.6.6.

O teor mais elevado de carbono orgânico do solo foi registado no tratamento T3 (75 % RDNPK +FYM (6 t ha^{-1}) + Vermicomposto (1,5 t ha^{-1}) + Azatobactor (10 kg ha^{-1}) + PSB (10 kg ha^{-1}), devido à disponibilidade de quantidades óptimas de potássio a partir de adubos orgânicos, o que levou a mais actividades microbianas no solo, resultando num elevado teor de carbono orgânico no solo, em vez de outros tratamentos.

Resultados semelhantes também foram relatados por Tekasangla et al (2015) em couve-flor, que relataram que a disponibilidade de quantidades suficientes de adubos orgânicos, a conversão de forma indisponível de nutrientes em forma disponível, lá por necessidades de culturas substituídas e melhorou o nível de carbono orgânico no solo.

Kameswari et al. (2011) registaram resultados semelhantes na cabaça de crista.

4.7 Análise económica

Os dados registados sobre a economia da cultura da raiz de beterraba afetada pelos tratamentos de gestão integrada de nutrientes são apresentados no quadro 4.7.

Entre os tratamentos, o tratamento T3 (75 % RDNPK +FYM (6 t ha^{-1}) + Vermicomposto (1,5 t ha^{-1}) + Azatobactor (10 kg ha^{-1}) + PSB (10 kg ha^{-1}) registou os maiores retornos brutos (^ 2,29,920), retornos líquidos (^1,83,835) e rácio custo-benefício (3.9:1), enquanto o rendimento bruto mais baixo (^ 1,51,200), o rendimento líquido (^1,10,615) e a relação custo-benefício foram registados em T8 (50 % RDNPK + FYM (12 t ha^{-1}) (2.62:1)

A partir da tabela 4.7 é claro que os retornos brutos máximos, os retornos líquidos e a melhor relação custo-benefício foram registados no tratamento T3 (75 % RDNPK +FYM (6 t ha^{-1}) + Vermicomposto (1,5 t ha^{-1}) + Azatobactor (10 kg ha^{-1}) + PSB (10 kg ha^{-1}), o que se deveu ao facto de o mesmo tratamento ter registado uma maior produção de raízes por hectare em relação aos outros tratamentos.

Estes resultados estão em conformidade com os relatórios de Shanu et al. (2019) sobre a cenoura

Quadro 4.6.1 Efeito da gestão integrada de nutrientes no azoto disponível (Kg ha^{-1}), fósforo (Kg ha^{-1}) e potássio (Kg ha^{-1}) no solo após a colheita da raiz de beterraba Cv. Crimson Globe

Tratamentos (T)	N disponível (Kg ha^{-1})	P disponível (Kg ha^{-1})	Available K (Kg ha^{-1})
Ti-75 % RDNPK + FYM (12 t ha^{1}) + *Azatobactor* (10 kg ha^{1}) + PSB (10 kg ha)[1]	283.03^{c}	38,1 gcde	321.31de
T_2 -75 % RDNPK + VC (3 t ha^{1}) + *Azatobactor* (10 kg ha^{1}) + PSB (10kg ha)[1]	307.75^{b}	42.12^{bc}	340.69^{bc}
T_3-75 % RDNPK + FYM (6 t ha^{-1}) +VC (1,5 t ha^{-1}) + *Azatobactor* (10 kg ha^{1}) + PSB (10 kg ha)[1]	352.37^{a}	47.47^{a}	365.95a
T_4 -50 % RDNPK + FYM (12 t ha^{1}) + *Azatobactor* (10 kg ha^{1}) + PSB (10 kg ha)[1]	253.67^{d}	36.18e	314.95de
T_5 -50 % RDNPK + VC (3 t ha^{1}) + *Azatobactor* (10 kg ha^{1}) + PSB (10 kg ha)[1]	305.08^{b}	41.79	332.74cd

		camas	
T6-50 % RDNPK+ FYM (6 t ha1) + VC (1,5 t ha1) + *Azatobactor* (10 kg ha1) + PSB (10 kg ha)1	339. 30a	43.9 3ab	352. 73ab
T7-75 % RDNPK + FYM (12 t ha-)1	253. 35d	37.7 5de	307. 99e
Ts-50 % RDNPK + FYM (12 t ha)1	246. 08e	34.4 5e	307. 68e
SE (m) ±	5.28	1.35	6.01
CD a 5%	16.0 1	4.11	18.2 4

Quadro 4.6.2 Efeito da gestão integrada de nutrientes no pH do solo, condutividade eléctrica (dS mol^{-1}) e carbono orgânico (%) no solo após a colheita da raiz de beterraba Cv. Crimson
Globo.

Tratamentos (T)	pH do solo	CE (dS mol')1	OC (%)
Ti-75 % RDNPK + FYM (12 t ha-1) + *Azatobactor* (10 kg ha1) + PSB (10 kg ha 4-	7.33de	0.32b	0,42de
T2 -75 % RDNPK + VC (3 t ha-1) + *Azatobactor* (10 kg ha1) + PSB (10kg ha 4-	7.17bc	0.30ab	0.49c
T3-75 % RDNPK + FYM (6 t ha1) +VC (1,5 t ha-1) + *Azatobactor* (10 kg ha-1) + PSB (10 kg ha)1	7.01a	0.23a	0.60a
T4 -50 % RDNPK + FYM (12 t ha1) + *Azatobactor* (10 kg ha1) + PSB (10 kg ha- 4	7.36e	0.36be	0.41ef
T6-50 % RDNPK + VC (3 t ha1) + *Azatobactor* (10 kg ha1) + PSB (10 kg ha 4-	7.23cd	0.33b	0,46cd
T6-50 % RDNPK+ FYM (6 t ha1) + VC (1,5 t ha1) + *Azatobactor* (10 kg ha1) + PSB (10 kg ha)1	7.10ab	0.27a	0.54b
T7-75 % RDNPK + FYM (12 t ha-)1	7.38ef	0.35b	0.38f
T8 -50 % RDNPK + FYM (12 t ha)1	7.50f	0.38e	0.33g
SE (m) ±	0.02	0.02	0.01
CD a 5 %	0.04	0.06	0.04

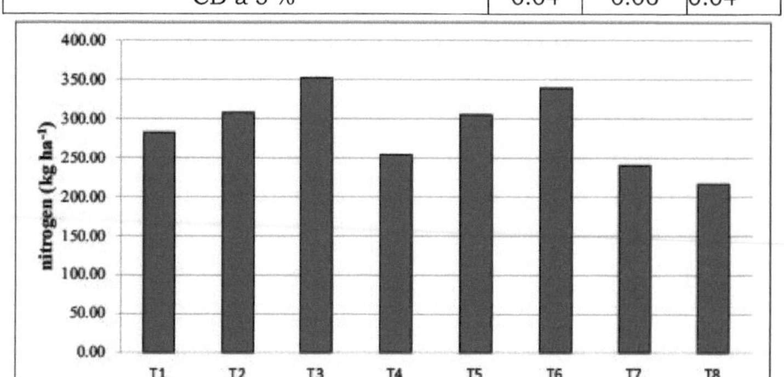

Fig: 4.6.1 Efeito da gestão integrada de nutrientes no N disponível (kg ha^{-1}) no solo após a colheita da raiz de beterraba Cv. Crimson Globe.

Nota: T1-75 % RDNPK + FYM (12 t ha^{-1}) + Azatobactor (10 kg ha^{-1}) + PSB (10 kg ha^{-1}), T2-75 % RDNPK + VC (3 t ha^{-1})+ Azatobactor (10 kg ha^{-1}) + PSB (10kg ha^{-1}), T3 -75 % RDNPK + FYM (6 t ha^{-1}) +VC (1.5 t ha^{-1}) + Azatobactor (10 kg ha^{-1}) + PSB (10 kg ha^{-1}), T4-50 % RDNPK + FYM (12 t ha^{-1}) + Azotobactor (10 kg ha^{-1}) + PSB (10 kg ha^{-1}), T5 -50 % RDNPK + VC (3 t ha^{-1}) + *Azatobactor* (10 kg ha^{-1}) + PSB (10 kg ha^{-1}), T6 -50 % RDNPK+ FYM (6 t ha^{-1}) + VC (1.5 t ha^{-1}) + *Azatobactor* (10 kg ha^{-1}) + PSB (10 kg ha^{-1}), T7 -75 % RDNPK + FYM (12 t ha^{-1}), T8 - 50 % RDNPK + FYM (12 t ha^{-1}).

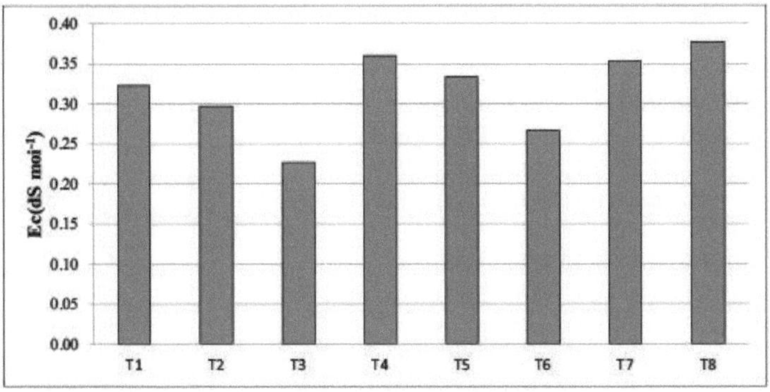

Fig:4.6.5 Efeito da gestão integrada de nutrientes na condutividade eléctrica (ds mol^{-1}) no solo após a colheita da raiz de beterraba Cv. Crimson Globe.

Nota:T1-75 % RDNPK + FYM (12 t ha^{-1} **)** + **Azatobactor** (10 kg ha^{-1}) + PSB (10 kg ha^{-1}), T2-75 % RDNPK + VC (3 t ha^{-1})+ **Azatobactor** (10 kg ha^{-1}) + PSB (10kg ha^{-1}), T3 -75 % RDNPK + FYM (6 t ha^{-1}) +VC (1.5 t ha^{-1} **)** + **Azatobactor** (10 kg ha^{-1}) + PSB (10 kg ha^{-1}), T4-50 % RDNPK + FYM (12 t ha^{-1}) + **Azotobactor** (10 kg ha^{-1}) + PSB (10 kg ha^{-1}), T5 -50 % RDNPK + VC (3 t ha^{-1} **)** + **Azatobactor** (10 kg ha^{-1}) + PSB (10 kg ha^{-1}), T6 -50 % RDNPK+ FYM (6 t ha^{-1}) + VC (1.5 t ha^{-1} **)** + **Azatobactor** (10 kg ha^{-1}) + PSB (10 kg ha^{-1}), T7 -75 % RDNPK + FYM (12 t ha^{-1}), T8 - 50 % RDNPK + FYM (12 t ha^{-1}).

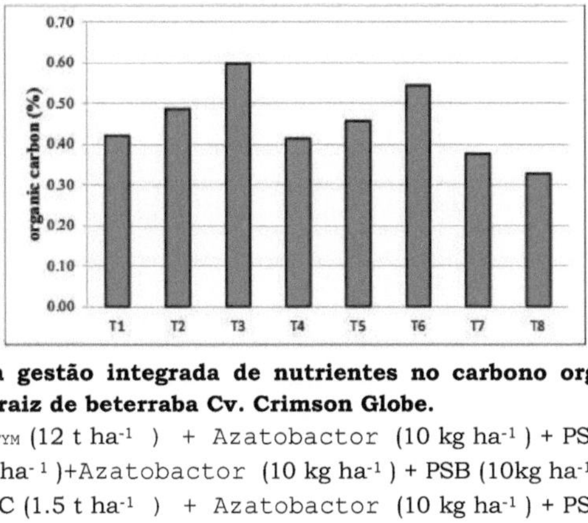

Fig:4.6.6 Efeito da gestão integrada de nutrientes no carbono orgânico (%) do solo após a colheita da raiz de beterraba Cv. Crimson Globe.

Nota: T1-75 % RDNPK + FYM (12 t ha^{-1}) + Azatobactor (10 kg ha^{-1}) + PSB (10 kg ha^{-1}), T2-75 % RDNPK + VC (3 t ha^{-1})+Azatobactor (10 kg ha^{-1}) + PSB (10kg ha^{-1}), T3 -75 % RDNPK + FYM (6 t ha^{-1}) +VC (1.5 t ha^{-1}) + Azatobactor (10 kg ha^{-1}) + PSB (10 kg ha^{-1}), T4-50 % RDNPK + FYM (12 t ha^{-1}) + Azotobactor (10 kg ha^{-1}) + PSB (10 kg ha^{-1}), T5 -50 %

RDNPK + VC (3 t ha-1) + *Azatobactor* (10 kg ha-1) + PSB (10 kg ha-1), T6 -50 % RDNPK+ FYM (6 t ha-1) + VC (1.5 t ha-1) + *Azatobactor* (10 kg ha-1) + PSB (10 kg ha-1), T7 -75 % RDNPK + FYM (12 t ha-1), T8 - 50 % RDNPK + FYM (12 t ha-1).

7 Efeito da gestão integrada de nutrientes na economia de raízes de beterraba Cv. Crimson Globe.

Tratamentos (T)	**Custo total da cultura R ha- 4**	**Reformas de crescimento ha'1)**	**Retorno líquidos ha'1)**	**B: C ratio**
Ti-75 % RDNPK + FYM (12 t ha-1) + *Azatobactor* (10 kg ha1) + PSB (10 kg ha 4-	44,58 5	1,89, 000	1,44, 415	3.23
T2 -75 % RDNPK + VC (3 t ha-1) + *Azatobactor* (10 kg ha1) + PSB (10kg ha- 4	48,58 5	2,10, 480	1,61, 895	3.33
T3-75 % RDNPK + FYM (6 t ha1) +VC (1,5 t ha-1) + *Azatobactor* (10 kg ha-1) + PSB (10 kg ha)1	46,08 5	2,29, 920	1,83 835	3.9
T4 -50 % RDNPK + FYM (12 t ha1) + *Azatobactor* (10 kg ha1) + PSB (10 kg ha 4-	42,25 1	17,1 9,60	1,29, 709	3.06
T5-50 % RDNPK + VC (3 t ha1) + *Azatobactor* (10 kg ha1) + PSB (10 kg ha- 4	45,85 1	1,90, 800	1,44, 949	3.16
T6-50 % RDNPK+ FYM (6 t ha1) + VC (1,5 t ha1) + *Azatobactor* (10 kg ha1) + PSB (10 kg ha)1	45,75 1	2,20, 920	1,75, 169	3.82
T7-75 % RDNPK + FYM (12 t ha-)1	40,58 5	1,51, 200	1,10, 615	2.72
T8-50 % RDNPK + FYM (12 t ha-)1	34,11 7	1,23, 720	89,6 03	2.62

Capítulo V

RESUMO E COBCWSIOBS

A presente investigação intitulada "Efeito da gestão integrada de nutrientes no crescimento, rendimento, qualidade e capacidade de armazenamento da beterraba (Beta vulgaris L.) Cv. Crimson Globe em condições alcalinas" foi realizado durante a época rabi do ano 2019-20 na Faculdade de Horticultura, Mojerla, Universidade Estatal de Horticultura Sri Konda Laxman Telangana.

A experiência foi efectuada com oito tratamentos, ou seja, T1- 75 % RDNPK + FYM (12 t/ha) + Azatobactor (10 kg/ha) + PSB (10 kg/ha), T2- 75 % RDNPK + VC (3 t/ha) + Azatobactor (10 kg/ha) + PSB (10kg/ha), T3-75 % RDNPK + FYM (6 t/ha) +VC (1.5 t/ha) + Azatobactor (10 kg/ha) + PSB (10 kg/ha), T4-50 % RDNPK + FYM (12 t/ha) + Azotobactor (10 kg/ha) + PSB (10 kg/ha), T5-50 % RDNPK + VC (3 t/ha) + Azatobactor (10 kg/ha) + PSB (10 kg/ha), T6-50 % RDNPK+ FYM (6 t/ha) + VC (1.5 t/ha) + Azatobactor (10 kg/ha) + PSB (10 kg/ha) , T7-75 % RDNPK + FYM (12 t/ha), T8- 50 % RDNPK + FYM (12 t/ha) em um projeto de blocos aleatórios e replicado três vezes. As principais características das investigações são resumidas a seguir.

PARÂMETROS DE CRESCIMENTO:

♦♦♦ Entre os tratamentos de manejo integrado de nutrientes, o tratamento T3 (75
% RDNPK + FYM (6 t/ha) + VC (1,5 t/ha) + Azatobactor (10 kg/ha) + PSB (10 kg/h)) registou um número mínimo de dias necessários para 80% de germinação, maior altura de planta, maior número de folhas por planta, área foliar máxima e maior índice de teor de clorofila em relação a outros tratamentos.

PARÂMETROS DE RENDIMENTO:

❖ Entre os tratamentos de gestão integrada de nutrientes, o tratamento T3 75 % RDNPK + FYM (6 t/ha) +VC (1,5 t/ha) + Azatobactor (10 kg/ha) + PSB (10 kg/ha) registou o comprimento máximo da raiz, o diâmetro da raiz, a produção de raiz por planta, a produção de raiz por parcela, a produção de raiz por hectare e a relação raiz/parte aérea em relação aos outros tratamentos.

Foi registado um índice de colheita significativamente mais elevado no tratamento T3 75 % RDNPK + FYM (6 t/ha) +VC (1,5 t/ha) + Azatobactor (10 kg/ha) + PSB (10 kg/ha) em comparação com os restantes tratamentos.

PARÂMETROS DE QUALIDADE:

❖ Entre os tratamentos de gestão integrada de nutrientes, o tratamento T3 (75 % RDNPK + FYM (6 t/ha) +VC (1,5 t/ha) + Azatobactor (10 kg/ha) + PSB (10 kg/ha)) registou os melhores valores, nomeadamente, teor de ácido ascórbico, teor de betanina e sólidos solúveis totais, em comparação com os outros tratamentos.

ANÁLISE DO COEFICIENTE DE CORRELAÇÃO

❖ A produção de raízes por planta apresentou uma associação positiva elevada e significativa com a altura da planta, o número de folhas por planta, a área foliar, o índice de teor de clorofila, o comprimento da raiz, o diâmetro da raiz, a produção de raízes por planta, a produção de raízes por parcela, a produção de raízes por hectare, a relação raiz/parte aérea, o índice de colheita, os sólidos solúveis totais, o teor de ácido ascórbico, o teor de betanina, o azoto, o fósforo, o potássio e o carbono orgânico, enquanto a associação negativa da produção de raízes com o número de dias necessários para 80% de germinação, o pH e a condutividade eléctrica.

ANÁLISE DA CAPACIDADE DE ARMAZENAMENTO:

❖ Entre os tratamentos de gestão integrada de nutrientes, o tratamento T3 (75 % RDNPK + FYM (6 t/ha) +VC (1,5 t/ha) + Azatobactor (10 kg/ha) + PSB (10 kg/ha)) registou a menor perda fisiológica de peso em relação aos outros tratamentos.

ANÁLISE DOS NUTRIENTES DO SOLO

❖ Entre os tratamentos de gestão integrada de nutrientes, o tratamento T3 (75 % RDNPK+ FYM (6 t/ha) + VC (1,5 t/ha) + Azatobactor (10 kg/ha) + PSB (10 kg/ha)) registou os melhores valores em termos de azoto disponível, fósforo, potássio, pH, condutividade eléctrica e carbono orgânico

ANÁLISE ECONÓMICA:

❖ ♦♦ Entre os tratamentos de manejo integrado de nutrientes, o tratamento T3 75 % RDNPK+ FYM (6 t/ha) + VC (1,5 t/ha) + Azatobactor (10 kg/ha) + PSB (10 kg/ha) registou o máximo de rendimentos brutos (^ 2,29,920), rendimentos líquidos (^ 1,83835) e a melhor relação custo-benefício (3,9:1) em comparação com outros tratamentos.

❖ CONCLUSÃO

Entre os diferentes tratamentos de gestão integrada de nutrientes , o T3 tratamento 75 % RDNPK+FYM (6 t/ha) +VC (1,5 t/ha) + Azatobactor (10 kg/ha) + PSB (10 kg/ha) revelou-se o melhor tratamento, seguido do tratamento T6 50 % RDNPK+ FYM (6 t/ha) + VC (1,5 t/ha) + Azatobactor (10 kg/ha) + PSB (10 kg/ha) para melhorar o crescimento, o rendimento, a qualidade e a capacidade de armazenamento da raiz de beterraba Cv. Crimson Globe em condições alcalinas.

A produção de raízes por planta apresentou uma associação significativamente positiva com os parâmetros de crescimento, produção, qualidade e nutrientes do solo e com o número de dias necessários para 80% de germinação, pH e condutividade eléctrica, que apresentaram uma correlação negativa.

Entre os diferentes tratamentos de gestão integrada de nutrientes, o tratamento T3 75 % RDNPK + FYM (6 t/ha) + VC (1,5 t/ha) + Azatobactor (10 kg/ha)

❖ O PSB (10 kg/ha) manteve a boa saúde do solo, incluindo o azoto disponível, o fósforo, o potássio, o pH, o carbono orgânico e a CE, em relação aos outros tratamentos.

- FUTURO RAMO DE ACTIVIDADE

A experiência precisa de ser realizada com mais alguns adubos orgânicos. Este projeto deve ser estudado no âmbito do sistema de culturas intercalares.

APÊNDICE

APÊNDICE-I

Dados meteorológicos mensais registados durante o período de crescimento da cultura, de outubro de 2019 a janeiro de 2020

Mês	Temperatura °C		Precipitação (mm)	Humidade relativa (%)	
	Máximo de m	Mínimo m		Máximo	Mínimo m
outubro, 2019	33.56	24.32	4.45	88.92	63.27
novembro de 2019	31.85	20.42	0.37	90.77	59.87
dezembro, 2019	30.52	19.24	0	94.36	48.38
janeiro de 2020	29.58	18.45	0	95.77	46.83

APÊNDICE -II a

PREÇO DOS FACTORES DE PRODUÇÃO

S. Não.	Particularidades	Preço (U)
1.	Fertilizantes químicos	
a.	Ureia	320/- por 50 kg
b.	SSP	420/- por 50 kg
c.	MOP	980/- por 50 kg
2.	Adubos orgânicos	
a.	Estrume	1.500/- por tonelada
b.	Vermicomposto	6.000/- por tonelada
3.	Fertilizantes biológicos	
a	Azotobactor	1000/-por 10 kg
b	PSB	1000/-por 10 kg
4.	Salários	
a.	Homens	500/- por dia
b.	Mulheres	250/- por dia
5.	Sementes de RAIZ DE BETERRABA	500/- por kg

APÊNDICE -II b

PORMENORES SOBRE O CUSTO DE CULTIVO EM DIFERENTES

S -	Operações	Ti	T_2	T_3	T_4	T_5	T_6 T_7		T8
1	Lavoura com trator	4,0	4,0	4,0	4,0	4,0	4,0	4,00 - -Q	4,0
1 b	Angustiante	80 0	80 0	80 0	80 0	80 0	80 0	800	**88** 0
2	Custo das sementes	4,0	4,0	4,0	4,0	4,0	4,0	4,00	4,8
2 b	Desbaste	20 00	20 00	20 00	20 00	20 00	20 00	200 0	28 88
3 -	Custo dos fertilizantes/manuseamentos/bio fertilizantes, taxas de aplicação e proteção das plantas	25 78 5	29 78 5	27 28 5	23 45 1	28 05 1	26 95 1	217 85	21 45 1
4 -	Capina manual/taxas de irrigação	6,0 00	6,0 00	6,0 00	6,0 00	6,0 00	6,0 00	6,00 0	6,8 88
5 -	Colheita, corte e limpeza	2,0 00	2,0 00	2,0 00	2,0 00	2,0 00	2,0 00	2,00 0	2,8 88
	TOTAL	**44, 58 5**	**48, 58 5**	**46, 08 5**	**42, 25 1**	**46, 85 1**	**45, 75 1**	**40, 585**	**34, 11 7**

TRATAMENTOS (?. ha⁻¹

Capítulo VI

LITERATURA CITADA

Ado, P.O., 1999. Cultivo de beterraba. Boletim Informativo de Beterraba e Berinjela, 18:
21 - 24. 8(1):81-83.

Agic, R., Zdravkovska, M., Popsimonova, G., Dimovska, D., Bogevska, Z e Davitkovska, M. 2018. Rendimento e qualidade da beterraba (Beta Vulgaris sp. Esculenta L.) como resultado de fertilizantes microbianos. O Jornal Sérvio de Ciências Agrícolas. 67(1):40 - 44.

Ahmed, A., Sambo, B.E., Odion, E.C e Arunah, U.L. 2014. Resposta do estrume do pátio da fazenda e fertilizantes inorgânicos para o rendimento sustentável da cenoura (Daucas carota L.) no norte da Nigéria. IOSR-JAVS. 7(2):26-33.

Akanda, S.I. e Mundt, C.C. 1996. Análise do coeficiente de caminho dos efeitos da ferrugem e das misturas de cultivares no rendimento e nos componentes do rendimento do trigo de inverno. Teoria e Genética Aplicada. 92:666-672.

Ambede P. A. 2008. Estudos sobre o efeito do sistema integrado de fornecimento de nutrientes no rendimento e na absorção de nutrientes pela cabaça amarga (Momordica charantia L.) e alterações nas propriedades do solo laterítico. Tese de Mestrado (Agri.) apresentada a Konkan Krishi Vidyapeeth, Dapoli.

Anand, G.P., Mangesh e Rajkumar, M. 2016. Gestão integrada de nutrientes em cenoura (Daucus carota L.) na faixa de transição nordeste de karnataka. Revista Internacional de Ciências da Vida. 11(1): 271-273.

Anand, M., Sankari, A e Anita, B. 2017. Influência da Gestão Integrada de Nutrientes para Alho sob Condição Nilgiris. Jornal Internacional de Microbiologia Atual e Ciências Aplicadas. 6(12): 3833-3838.

Ashish, K. (2017). Estudo de Variabilidade e Correlação em Tomate (Solanum lycopersicum L.). Revista Internacional de Ciências Agrárias. ISSN:
0975- 3710 & E-ISSN: 0975-9107, 9 (29):4391-4394.

Ashok, P., Ramanandam, G e Sasikala, K. 2013. Gestão integrada de nutrientes para a mandioca em condições de sequeiro em Andra Pradesh. J. Root Crops. 39(1):100-102.

Aykroyd, W.R.1963. Relatório especial ICMR.42.

Bagali, A. N., Patil, H.B., Chimmad, V. P., Patil, P. L e Patil, R.V. 2012.
Efeito de produtos inorgânicos e orgânicos no crescimento e rendimento da cebola (Allium cepa
L.). Karnataka Journal of Agricultural Science. 25(1):112-115.

Barman, K. S., Ram, B e Verma, R. B. 2014. Efeito da gestão integrada de nutrientes no crescimento e rendimento de tubérculos de batata (Solanum tuberosum) cv. Kufri Ashoka. Tendências Biosci. 7(9): 185187.

Basavaraja, P. K., Sridhara, S., Sushma, A. R e Hareesh, G.R. 2007. Effect of integrated nutrient management on onion yield and soil properties under Chromic

Haplusterts of Karnataka. J. Hortic. Sci. 2 (1): 34-37.

Benerjee, H., Sarkar, S., Ray, K. Rana, L e Asish, C. 2016. Gestão integrada de nutrientes no sistema de cultivo à base de batata em solo aluvial de Bengala Ocidental. Anais da investigação sobre plantas e solos. 18(1):8-13.

Bhagawat, K. P., Shinde, K. G., Bhalekar, M. N e Yadav D. B. 2016.Effect of organic manures, inorganic fertilizers and biofertilizantes no crescimento, rendimento e atributos de rendimento da cebola (Allium cepa L.). A Quarterly J. Life Sci. 13(1):13-15.

Bhalekar, M.N., Shinde, K.G., Rathod, D.H e Patil, B.T. (2018). Gestão integrada de nutrientes para rendimento e absorção de nutrientes em cebola (Allium cepa L.). Journal of Allium Research.1(1):78-80.

Bhatt, B., Soni, A. K., Jangid, K e Kumar S. (2017). Um estudo sobre variabilidade genética e associação de caracteres e análise do coeficiente de caminho em promissores genótipos indígenas de alho (Allium sativum L.). Int. J. Pure. App. Biosci. 5(1): 679-686.

Boru, M., Tsadik, K.W e Tana T. 2007. Efeito do estrume de quinta e do fósforo inorgânico na produção de raízes tuberosas e nas características relacionadas com a produção de batata-doce (Ipomoea batatas L,) em Assosa, Etiópia Ocidental. Adv. Crop. Sci. Tech. 5: 302.

Chandramohan, S. 2002. Agricultura biológica no sistema de cultivo intercalar de algodão + grama preta. Tese de Mestrado (Agri.), Universidade Agrícola de Tamil Nadu, Coimbatore.

Chaudhary, M.R., Talukdar, N. C e Saikia, A. 2005. Alterações no carbono orgânico, N disponível, P2O5 e K2O sob uso integrado de adubos orgânicos, biofertilizantes e fertilizantes inorgânicos na manutenção da produtividade do tomate e da fertilidade do solo. Res. Crops. 6: 547-550.

Chotaliya, P e Kulkarni, G.U. 2017. Associação de caracteres e análise de caminho para características quantitativas em alho (Allium sativum L.). Int. J. Curr. Microbiol. App. Sci. 6(8):175-184.

Clifford, T., Stevenson, E. J., Howatson, G. e West, D. J. 2015. Os benefícios potenciais da suplementação de beterraba vermelha na saúde e na doença. Journal of Nutrients.7: 2801- 2822.

Dademal, A. A. 2000. Estudos sobre a gestão de nutrientes para quiabo [Abelmoschus esculentus (L.) Moench] em relação ao seu crescimento, resposta de rendimento, absorção de nutrientes e mudanças na disponibilidade de nutrientes em solo laterítico de Konkan. Tese de Mestrado (Ag.) apresentada a Konkan Krishi Vidyapeeth, Dapoli.

Deuter, P. e Grundy, T. (2004). Beetroot Commercial Production and Processing (Produção e transformação comercial de beterraba). Agência para as Ciências da Alimentação e das Fibras. Holland *Horticultural Limited Partnership.* P. 1 - 4.

Dhakad, R. K., Chudasama, V.R., Verma, J., Jalpa, G e Dhaked. M.K. 2019. Efeito do INM na cebola (*Allium cepa* L.) no que respeita ao crescimento e rendimento sob condições do Norte de Gujarat .

Int.J.Curr.Microbiol.App.Sci. 8(04): 1618 1622 .
Dlamini, V. C., Nxumalo, K. A., Masarirambi, M. T., Wahome, P. K., Oseni, T. O e Zwane, M. G. (2020). Efeitos do estrume de gado no crescimento, rendimento, qualidade e prazo de validade da beterraba (*Beta vulgaris* L.) cv. Detroit Dark Red). Journal of Experimental Agriculture International. 42 (1): 93-104.
Etissa, E., Dechassa, N., Alamirew, T., Alemayehu, Y. e Desalegn. (2014). Crescimento e resposta fisiológica do tomate a vários regimes de irrigação e práticas integradas de gestão de nutrientes. Revista africana de investigação agrícola. 9(19), 14841494.
Felczynski K., Elkner K. 2008. Efeito da fertilização orgânica e mineral a longo prazo no rendimento e na qualidade da beterraba vermelha (Beta vulgaris L.). Boletim de pesquisa de culturas vegetais. Crops Res. Bull. 68: 111-125.
Organização das Nações Unidas para a Alimentação e a Agricultura (FAO). 2008. Organic material as fertilizers. Longman/FAO, Roma, Itália.
Gairola, S., Umar, S. e Suryapani, S. 2009. Acumulação de nitrato, crescimento e qualidade das folhas de beterraba espinafre afectados pela fertilização NPK com especial referência ao potássio. Jornal Indiano de Ciência e Tecnologia. 2: 35-39.
Gandia, F., Escribano, J e Garcia, F. 2010. Implicações estruturais na cor, fluorescência e atividade antirradicalar das betalaínas. Um Jornal Internacional de Biologia Vegetal. 232(2): 449460.
Gateri, M.W., Nyankanga, R., Ambuko, J e Muriuki, A.W. (2018). Crescimento, rendimento e qualidade da cebola (Allium cepa L.) como influenciado pelo nitrogênio e tempo de cobertura. Jornal Internacional de Ciência da Planta e do Solo. 23(3): 1-13.
Gebremichael, J., Woldetsadik, K., Chavhan, A e Gedamu, F. 2017. Efeito da gestão integrada de nutrientes no crescimento, rendimento e qualidade da cebola cv. Pusa Madhvi. International Journnal of Life Sciences. 5 (2): 151-160.
Georgiev, V. G., Weber, J., Kneschke, E. M., Denev, P. N., Bley, T e Pavlov, A. I. 2010. Antioxidant activity and phenolic content of betalain extracts from intact plants and hairy root cultures of the red beetroot (Beta vulgaris). Journal of Plant Foods for Human Nutrition. 65(2): 105-111.
Gethe, R. M., Pawar, V. S, Pathan, S. H., Kadlag, A. D e Sonawane, D. A. 2006. Storage quality of onion as influenced by planting layouts, irrigation regime s and fertilizer levels under micro-sprinkler system. J. Maharashtra Agric. Univ. 31 (3): 270272.
Gurmu, F., Shimelis, H. A e Laing, M. D. (2017). Análises de correlação e coeficiente de caminho do rendimento da raiz e características relacionadas entre genótipos selecionados de batata-doce. Jornal Sul-Africano de Plantas e Solo. 1354405.
HAPIS (Horticulture Area and Production Information System), Estimativa avançada final da área e produção de culturas hortícolas. 2017-2018. https://aps.dac.gov.in.
Ingole, V.S., Wagh, P.K., Nagre, P.K e Bharad, S.G. 2018. Efeito do biofertilizante e do estrume orgânico no rendimento e nos caracteres que contribuem para o rendimento

da beterraba (Beta vulgaris L.). Revista Internacional de Estudos Químicos. 6(5): 1226
1228.

Jabeen, A., Sumati, N., Khursheed, H., Shakeel, A. M e Farooq, A. K. 2018: Efeito de adubos orgânicos e biofertilizantes na qualidade da beterraba espinafre (Beta vulgaris var. bengalensis). Internacional
Journal of Current Microbiology and Applied Sciences. 7(9): 13121317.

Jackson, M.L. 1967. Soil chemical analysis. Prentice Hall of India Pvt. Ltd. New Delhi.

Jagadeesh, C., Madhavi, M., Prasad, S e Padmaja, V.V. 2018: Efeito dos adubos orgânicos nos atributos de crescimento e rendimento da raiz de beterraba cv. globo carmesim. Jornal Internacional de Microbiologia Atual e Ciências Aplicadas. 7(11): 3538
3553.

Jaisankar, P. 2018. Efeito da Gestão Integrada de Nutrientes no Crescimento e rendimento do rabanete (Raphanus sativus L.) cv. Pusa Chetki. Int.J.Curr.Microbiol.App.Sci. 7(11): 461-466.

Jamir, S., Singh, V. B., Kanaujia, S. P e Singh, A. K. 2013. Efeito da gestão integrada de nutrientes no crescimento, rendimento e qualidade da cebola (Allium cepa L.). Horticultura Progressiva. 45(2): 374-380.

Javanmard, A., Sadeghian, M.A., Machiani, M.A., Abbasi, A e Fotoohi, K.2019. O efeito da aplicação separada e integrada de vermicomposto, fertilizantes biológicos e químicos nas características quantitativas e qualitativas da beterraba sacarina (Beta vulgaris l.) Journal of Crop production and processing vol-9.

Jurgen, W., Gundula, W., Stefan, H., Pinar, U., Peter, L e Ulrike, M. 2015.
Características de composição dos produtos comerciais de beterraba e do sumo de beterraba preparado a partir de sete variedades de beterraba cultivadas na Alta Áustria. Journal of Food Composition and Analysis. 42: 4655.

Kadam, S. S., Gadakh, S. S., Kathale, M. N e Kulkarni U. G. (2016).
Análise de correlação e de caminho para caracteres que contribuem para o rendimento e o rendimento do alho (Allium sativum L.). Sociedade para a Ciência e a Natureza. I.J.A.B.R. 6(2): 288-291.

Kafle, K., Shriwastav, C. P e Marasini, M. (2019). Influência das práticas integradas de gestão de nutrientes nas propriedades do solo e no rendimento da batata (Solanum tuberosum. L) em um inceptisol de Khajura, Banke Int. J. Appl. Sci. Biotechnol. Vol 7(3): 365-369.

Kameswari, L. P., Narayanamma, M., Ahmed, S.R e Chaturvedi, A. 2011.
Influência da gestão integrada de nutrientes na cabaça de crista (Luffa acutangula (Roxb.) L.) Vegetable Science. 38 (2): 209-211.

Kathayat, K., Kushwaha, M e Rawat, M. (2019). Avaliação da Variabilidade Genética, Correlação e Análise do Coeficiente de Caminho no Germoplasma de Taro (Colocasia Esculenta L. Schott. Var. Antiquorum). Think India Journal, 22(16), 1068-1081.

Kazimierczak, R., Hallmann, E., Lipowski, J., Drela, N., Kowalik, A., Pussa, T., Matt,D., Luik, A., Gozdowsk, D e Rembialkowska, E. 2014. Beterraba (Beta vulgaris L.) e sumos de beterraba fermentados naturalmente de produção orgânica e convencional: Metabolómica, níveis de antioxidantes e atividade anticancerígena. J. of the Sci. of Food and Agric. 94(13):2618-29.

Khalid, M., Yadav, M.P., Amar, S e Yadav, B.K. 2015. Estudos sobre o efeito da gestão integrada de nutrientes no crescimento e rendimento atribuindo caracteres de rabanete (Raphanus sativus L.). Anais de Horticultura.

Khandelwal, R. B. 2010. Efeito da gestão integrada de nutrientes no rendimento e na qualidade da cebola (Allium cepa L.) cv.N-2-4-1. ARS, Durgapura, Relatório Anual de Rajasthan - 2010. pp. 50-54.

Kirad, K. S., Barch, S e Singh, D. B. 2010. Gestão integrada de nutrientes no crescimento, rendimento e qualidade da cenoura. Karnataka J. Agric. Sci. 23 (3): 542-543.

Kosson, R., Elkner, K e Szafirowska.A. 2011. Qualidade da beterraba vermelha fresca e processada de cultivo orgânico e convencional. 75, 125-132.

Kumar S, Tiwari CP, Singh V. 2006. Rendimento e qualidade dos bolbos de cebola (Alluim cepa L.) afectados pelas taxas de aplicação de fertilizante de N e potássio. Agric. Sci. Digest. 26(4): 11-14.

Kumar, P., Meghwal, P. R e Painuli, D. K. 2014. Efeito de fontes de nutrientes orgânicos e inorgânicos na saúde do solo e na qualidade da cenoura. Indian J. Hort. 71(2): 222
226.

Kumar, S., Meena, M. L., Lal, D e Rai, T. 2016. Efeito da gestão integrada de nutrientes no crescimento e rendimento da cebola (Allium cepa L.). Res. Environ. Life Sci. 9(1): 56-58.

Kumar, S., R e Karuppaiah, P. (2008). Efeito da gestão integrada de nutrientes no crescimento e rendimento da cabaça amarga (Momordica charantia L.). Journal plant archives 8(2): 867-868.

Kumar, S., Samnotra, R. K., Kumar, M e Khar, S. (2015). Associação de caracteres e análise de caminho no germoplasma de alho (Allium spp.) sob ambiente subtropical de Jammu. Uma revista internacional trimestral de ciências da vida. 10(4): 1997-2003.

Kushwah, G.; Sharma, R. K.; Kushwah, S.S. e Mishra, S. N. (2019). Efeito de adubos orgânicos, fertilizantes inorgânicos e variedades no crescimento, rendimento e qualidade da cenoura tropical. Jornal Indiano de Horticultura 76(3): 451-456.

Kwabena, A. 2011. Influência do cortador de relva, do estrume de galinha e das alterações NPK nas características do solo, no crescimento e na resposta do rendimento da cenoura (Daucus carota L.) tese, nível M.Sc., universidade de Educação, Winneba pp73-76.

Lavanya, K.S., Srinivasa, V., Ali, S., Devaraju, Lakshmana, D e Kadian, M.S.
2019. Análise de correlação e caminho para rendimento e características relacionadas ao rendimento de

Batata (Solanum tuberosum L.) em Karnataka. Natl. Acad. Sci. Lett. 43, 137-140.

Mali, D. L., Virendra, S., Sarolia, D. K., Suresh, K. T., Akshay, C e Dhakar, R. 2018. Efeito de adubos orgânicos e biofertilizantes no crescimento e rendimento do rabanete (Raphanus sativus L.) cv. Japonês branco. Revista Internacional de Estudos Químicos. 6(2):1095-1098.

Manna, M e Paul. A. 2012. Estudos sobre variabilidade genética e associação de caracteres de parâmetros de qualidade de frutos em tomate. Hort Flora Research Spectrum. 1, 110-116.

Meena, R.K., Kumar, S., Maji, S., Kumar, D e Kumar, M. 2014. Efeito de adubos orgânicos e biofertilizantes no crescimento, floração, rendimento e qualidade do tomate cv. Pusa Sheetal. Revista Internacional de Ciências Agrárias 10(1):329- 332.

Mehedi, T. A. M., Siddique, M. A e Shahid, S. B. 2012. Efeitos da ureia e do estrume de vaca no crescimento e rendimento da cenoura. J. Bangladesh *Agric. Univ.* 10 (1):9-13.

Merentola, Kanaujia. S. P e Singh, V. B., 2012. Efeito da gestão integrada de nutrientes no crescimento, rendimento e qualidade do repolho (*Brassica oleraceae var. Capitata*). *J. Soils and Crops.* 22(2): 233239.

Mishra, P.P., Das, A.K. e Mishra, N. 2014. Efeito da gestão integrada de nutrientes no rendimento, qualidade e economia de Knolkhol (*Brassica oleracea L. cv. Gangylodes*). *Jornal Asiático de Horticultura.* 9(2):382-385.

Monika, S., Sharma, A. K e Shilpa. 2018. Gestão integrada de nutrientes da sequência de cultivo de ervilha-capsicum-rabanete em clima subtemperado do noroeste do Himalaia. *Int. J. Curr. Microbiol. App.Sci.* 7(3): 538-545.

Mujtaba, S., Mohammadreza, S e Mohammad, T. 2013. Efeito do fertilizante nitrogenado e vermicomposto no crescimento vegetativo, rendimento e absorção de NPK pelo tubérculo da batata cv. agria. *Inter. J. Agric. Crop Sci.* 2013;5: 2033-2040.

Narayan, S., Kanth, R. H., Narayan, R., Khan, F. A., Saxena, A e Hussain, T. 2014. Efeito das datas de plantação e da gestão integrada de nutrientes na produtividade e rentabilidade da batata (*Solanum tuberosum*) no vale de Caxemira. *Indian J. Agron.* 59 (1): 145-150.

Narayanamma, M., Chiranjeevis, C., Ahmed, R e Chaturvedi, A. 2010. Influência da gestão integrada de nutrientes no rendimento, estado nutricional e qualidade do pepino (Cucumis sativus L.). Veg. Sci.37(1):61-63.

Narayanamma, M., Kameswari, L.P., Rani, R. K e Anitha, V. 2009. Efeito da gestão integrada de nutrientes na cabaça de garrafa. Orissa J. Horti.37(1):4-8.

Naveen, B.L., Saidaiah, P., Ravinder, R.K e Geetha, A. 2017. Análise de correlação e coeficiente de caminho de atributos de rendimento e rendimento em tomate (Solanum lycopersicum L.) Journal of Pharmacognosy and Phytochemistry, 6(6): 665669.

Nwaigwe, G. O., Nwankwo, I. I. M e Nwofia, G.E. 2016. Estudos de correlação e coeficiente de caminho para selecionar a contribuição das características para o rendimento da raiz em genótipos de batata-doce (Ipomoea batatas (L.) Lam) Revista

Internacional de Pesquisa Atual. Vol. 8, Issue, 05, pp.31414-31418.

Olsen, S.R., Cole, C.V., Watanabe, F.S e Dean, L.A. 1954. Estimation of available phosphorus by extraction with sodium bicarbonate (Estimativa do fósforo disponível por extração com bicarbonato de sódio). United States Department of Agriculture, Circ. No. 939.pp-1-19.

Paithankar, D. H e Gore, A.M. 2019. Gestão de nutrientes em espinafre indiano (Beta vulgaris var. bengalensis). Jornal Internacional de Horticultura e Ciência dos Alimentos. 1(1): 25-27.

Panse, V. G. e Sukhatme, P. V. 1957. Statistical methods for agricultural workers (Métodos estatísticos para trabalhadores agrícolas). Divisão de publicação e informação, Conselho Indiano de Investigação Agrícola. Nova Deli. pp. 87-89.

Pathak, M., Manpreet e Pahwa, M. 2014. Variabilidade genética, correlação e análise do coeficiente de caminho em Bittergourd
(Momordica charantia L.) Revista Internacional de Investigação Avançada, Volume 2, Número 8, 179-184.

Pathak, M., Tripathy, P., Dash, S. K., Sahu, G.S e Pattanayak, S. K. 2018.
Eficácia do biofertilizante, do fertilizante orgânico e inorgânico no rendimento e na qualidade do rabanete (Raphanus sativus L.). Revista Internacional de Estudos Químicos.
6(4): 1671-1673.

Paul, K.K., Bari, M.A., Islam, S.M.S e Debnath, S.C. 2014. Estudos de coeficiente de correlação genotípica e fenotípica para taro (Colocasia esculenta (L.) Schott.). Jornal de Botânica do Bangladesh. 43(1): 113-117.

Paul, S. K., Paul, S. C., Sarkar, A. R e Hossain, Md.S. 2018. Influência da gestão integrada de nutrientes no crescimento, rendimento e teor de açúcar da beterraba tropical (Beta Vulgaris L.). Jornal do Açúcar do Paquistão. 33(2): 11-22.

Piper, C.S. 1950. Soil and plant analysis.Hans Publishers, Bombay. Prajapati, S., Tiwari, A., Jain, P. K., Mehta, A. K e Sharma, H. L. 2016.
Avaliação e caraterização de genótipos de alho (Allium sativum L.). Tese de JNKVV, Jabalpur.

Prasad, G., Nandi, A e Swain, P.K. 2016. Alteração do solo e gestão integrada de nutrientes no crescimento, rendimento, saúde do solo e economia da cabaça de garrafa. Jornal Internacional de Ciência Vegetal. 22:1, 3-13.

Rai, S., Rani, P., Kumar, M., Rai, A e Kumar, S. 2016. Efeito da gestão integrada de nutrientes na absorção de nutrientes e na produtividade da cebola. Int. J. Environ. Pollut .2(15): 573-577.

Rao, B e Deshpande. 2006. Experimental biochemistry. Tunbridge wells, kent.
1-6.

Reddy, K. P e Rao, V. P. 2004. Crescimento e rendimento da cabaça amarga (Momordica charantia L.) influenciados por práticas de gestão de vermicomposto e azoto. J. Res. ANGRAU. 32(3): 15-20.

Sahu, K., Sharma, P.K., Dixit, A e Nair, S.K. 2018. Análise de correlação e coeficiente de caminho em genótipos de cebola Kharif (Aillum cepa L.) para planícies de Chhattisgarh. Int.J.Curr.Microbiol.App.Sci. Edição especial-6: 256-263.

Sankar, V. Veeraragavathatham, D e Kannan, M. 2005. Vida útil de armazenamento pós-colheita da cebola influenciada por práticas de agricultura biológica. Relatório do NRCG, Simpósio Nacional sobre Tendências Actuais da Cebola, Alho, Malagueta e Especiarias de Semente - Produção, Comercialização e Utilização, 25-27 de novembro de 2005, Rajguru Nagar, Pune, Maharashtra, Índia, pp 104-105.

Sanghera, G.S., Singh, R. P., Kashyap, L., Tyagi, V e Sharma, B. 2016. Avaliação de genótipos de beterraba sacarina (Beta vulgaris L.) quanto à produção de raízes e características de qualidade em condições subtropicais. J. Krishi Vigyan. 5(1):67-73.

Sarma, I., Phookan, D.P e Boruah, S. 2015. Influência de adubos e biofertilizantes na cenoura (Daucus carota L.) cv. Early Nantes crescimento, rendimento e qualidade. Journal of Eco-friendly Agriculture. 10(1): 25-27.

Sentiyangla, Kanaujia, S. P., Singh, V. B e Singh, A. K. 2010. Gestão integrada de nutrientes para a produção de qualidade de rabanete (Raphanus sativus L) em Alfisol ácido. Journals of Soils and Crops. 20 (1): 1-9.

Shanu, V., D. Lakshminarayana, P. Prasanth e Saidaiah, D. 2019. Estudos sobre o efeito da gestão integrada de nutrientes (INM) nos parâmetros de crescimento e rendimento da cenoura (Daucas carota L.) cv. Kuroda Improved under Southern Telangana Conditions. Int.J.Curr.Microbiol.App.Sci. 8(04): 27862791.

Singh, R.K. e Chaudhary, B.D.1985. Biometrical methods in quantitative genetic analysis. Kalyani Publishers, Nova Deli, 239-266.

Singh, G. B. 1999. Utilização sustentável de micronutrientes na agricultura. Prosseguir no simpósio nacional sobre a gestão das deficiências de micronutrientes em planícies aluviais. 4-7.

Singh, B.K. Pathak, K.A. Boopathi, T e Deka, B.C. 2010. Efeitos do vermicomposto e do fertilizante NPK nas características morfofisiológicas das plantas, na produção e na qualidade dos frutos do tomate: (Solanum lycopersicum L.). Boletim de Pesquisa de Culturas Vegetais. 73: 77-86.

Singh, C.K., John, S.A e Jaisal, D. 2014. Efeito de produtos orgânicos no crescimento, rendimento e parâmetros bioquímicos da pimenta (Capsicum annum L.). IOSR Journal of Agriculture and Veterinary Science. 7 (7): 27-32.

Singh, D. P., Deo, C., Singh, A., Gautam, D.K e Kumar, A. 2015. Estudos sobre correlação e análise do coeficiente de caminho em doces germoplasma de batata (Ipomoea batatas L Lam.). Res. Environ. Life Sci. 8(2): 343-346.

Singh, A., Ganesapillai, M e Gnanasundaram, N. (2017). Otimização da extração de pigmentos de betalaína de cascas de beta vulgaris por pré-tratamento de micro-ondas. Ciência e Engenharia de Materiais. 263: 032004.

Singh, D. P., Kumar, S., Sutanu, M e Vijay, P. K. 2017. Estudos sobre a gestão integrada de nutrientes no crescimento, rendimento e qualidade da cenoura (Daucus carota L.). Revista Internacional de Ciências Agrárias. 51(8): 2187-2188.

Singh, M e Yadav, G.C. 2018. Análise de correlação e coeficiente de caminho para características de rendimento e horticultura em diferentes genótipos de Colocasia (Colocasia esculenta var. antiquorum L.) Schott). Revista de Farmacognosia e Fitoquímica. SP1: 288-292.

Singh, S.R., Ahmed, N.A., Lal, S., Amin, A., Mudasir Amin, M.S., Ganie, A e Jan, N. (2013). Associação de caracteres e análise de caminho no alho (Allium sativum L) para rendimento e seus atributos. SAARC J. Agri. 11(1): 45-52.

Srinivasaraju. 2011. Estudos sobre a gestão integrada de nutrientes na cebola. Dissertação de Mestrado (Agri.) apresentada ao Dr. Punjabrao Deshmuk Krishi Vidyapeeth, Krishinagar PO, Akola (Maharashtra).

Subbaiah, B.V e Asija, G.L. 1956. Um procedimento rápido para a determinação do azoto disponível no solo. Current Science. 25: 259-260.

Subenthung, Y., Singh, V.B., Kannaujia, S.P e Singh A.K. 2012. Efeito da gestão integrada de nutrientes no crescimento, rendimento e absorção de nutrientes pelo nabo (Brassica rapa L.) cv. Pusa Sweti e sua economia. Journal of Soil and Crop. 22(1): 1-9.

SunandaRani, N e Mallareddy, K. 2007. Efeito de diferentes adubos orgânicos e fertilizantes inorgânicos no crescimento, rendimento e qualidade da cenoura (Daucus carota L.). Karnataka Journal of Agricultural Sciences. 20 (3): 686-688.

Talware, P., Gupta, N.K. e Dubey, S. 2012. Efeito de fertilizantes orgânicos, inorgânicos e biofertilizantes no crescimento e produtividade do alho (Allium sativum L.) cv. G-323. Crop. Res. 43(1, 2&3): 89-97.

Tejaswini, N., K. Ravinder Reddy, P. Saidaiah e Ramesh, T. 2017. Análise de correlação e coeficiente de caminho em genótipos de amaranto vegetal (Amaranthus tricolor L.). Int.J.Curr.Microbiol.App.Sci. 6(6): 2977-2996.

Tekasangla, Kanaujia, S.P e Singh, P. K. 2015. Gestão integrada de nutrientes para a produção de qualidade de couve-flor em alfisol ácido de Nagaland. Karnataka J. Agric. Sci. 28(2):244-247.

Tovihoudji, G. P., Djogbenou, C. P., Akponikpe, P. B. I., Kpadonou, E., Agbanga, C. E e Dagbenonbakin, D.G. 2015. Resposta da malva-juta (Corchorus olitorius L.) ao adubo orgânico e fertilizante inorgânico num solo ferruginoso no nordeste do Benim. J. Appl. Bio Sci. 92:8610-8619.

Tsega, K., Tiwari, A e Woldetsadik, 2010. Variabilidade genética, correlação e coeficiente de caminho entre a produção de bolbos e as características de produção no germoplasma de alho da Etiópia. Indian Journal of Horticulture, 67 (4): 489-99.

Vithwel Kanaujia, S.P. 2013. Gestão integrada de nutrientes na produtividade da cenoura e fertilidade do solo. SAARC Journal of Agriculture. 11 (2): 173-181.

Walkley A. J e Black C. A. 1934. An estimation of method for determining soil organic matter and proposed modification of the chromic acid titration method. Soil Science, 37: 29-38.

Yadav, M., Chawla, H., Parle, M e Sharma, K. 2016. Beetroot: Um alimento funcional

que promove a saúde. Inventi Rapid: Nutraceuticals. (1): 1-5.
Yashwant, K. 2015. Beterraba: Um super alimento. Jornal Internacional de Engenharia Estudos e abordagem técnica.
01 (3).
Zakir, H. M., Sultana. M.N e Saha, K. C. 2012. Influência de fertilizantes orgânicos vs inorgânicos disponíveis comercialmente no crescimento, rendimento e qualidade da cenoura. J. Environ. Sci. & Natural Resources. 5(1): 39 - 45.
Zeid, H. A., Wafaa, H. M., Abou, E., Seoud, I. I e Alhabad, W. A. A. 2015.Efeito de materiais orgânicos e fertilizantes inorgânicos no crescimento, composição mineral e fertilidade do solo de plantas de rabanete (Raphanus sativus L.) cultivadas em solo arenoso. Médio Oriente J. Agric. Res. 4(1):77-87.
Ziaf, K., Latif, U., Amjad, M e Shabir, M. Z. 2016. O uso combinado de alterações microbianas e sintéticas pode melhorar o rendimento do rabanete (Raphanus sativus). Jornal de Ciências Ambientais e Agrícolas. 6:10-15.
Zielinska, P. M., Olejnik, A., Dobrowolska, Z e Grajek, W. 2009. Efeitos in vitro do sumo e das lascas de beterraba no metabolismo oxidativo e na apoptose em neutrófilos de indivíduos obesos. Investigação em Fitoterapia. 23(1):49-55

MIX
Papier aus verantwortungsvollen Quellen
Paper from responsible sources
FSC® C105338

Printed by Books on Demand GmbH, Norderstedt / Germany